Vogelhäuschen
selbst bauen

Michele McKee-Orsini
Mit Fotos von Caroline Arber

Vogelhäuschen selbst bauen

Weltbild

Titel der Originalausgabe
Handmade Birdhouses and Feeders
Zuerst veröffentlicht 2013 von CICO Books
An imprint of Ryland, Peters & Small
519 Broadway, 5th Floor, New York NY 10012
20-21 Jockey's Fields, London WC1R 4BW
www.cicobooks.com

Deutsche Erstausgabe

Übersetzung und Redaktion der deutschen Ausgabe:
Helene Weinold-Leipold und Franz Leipold, Violau
Satz: Joe Möschl, München
Umschlaggestaltung: Atelier Lehmacher, Friedberg (Bay.)
Fotos: Caroline Arber
Illustrationen: Stephen Dew

Printed in China
ISBN 978-3-8289-2719-3

Inhalt

Vorwort

Ich habe im Laufe meines Lebens schon einige sehr unterschiedliche Berufe ausgeübt – pharmazeutisch-technische Assistentin, Fotografin, Fitnesstrainerin, Möchtegern-Sängerin –, dass ich aber eines Tages Autorin eines Buches über den Bau von Vogelhäusern sein würde, lag außerhalb meines Vorstellungsvermögens! In der Rückschau erscheint mir jedoch genau das als ganz natürliche Entwicklung.

Als ich meinen jetzigen Ehemann Guido kennenlernte, war er in der Baubranche tätig. Ich schätzte die Tatsache, dass er ebenso kreativ wie ich war, und deshalb begann ich, mit ihm zu arbeiten. Bald werkte ich mit Holz und malte abstrakte Bilder an Wände. Wir kauften sogar eine alte Bruchbude und machten ein Vorzeigehaus daraus. Bald merkten wir, dass wir mehr schafften als je zuvor unter dem Arbeitgeber meines Mannes. Wir wollten expandieren, bekamen aber keine Genehmigung. Als abenteuerlustiger Mensch wurde ich Generalunternehmerin und lernte, Häuser zu bauen, mein eigenes Haus zu renovieren und kleine Möbelstücke anzufertigen.

Im Jahr 2009, als die Wirtschaft schwächelte und im Beruf nicht so viel zu tun war wie sonst, begann ich, Vogelhäuser zu bauen. Mein Interesse an Vogelhäusern entwickelte sich vor allem, weil im Wald nahe unserem Haus ganz unterschiedliche Vogelarten leben, die Fäden, Zweige, Haare und anderes Nistmaterial bei uns zusammentragen.

Dass meine Vogelhäuser ein solcher Hit werden würden, konnte ich nicht ahnen. Ich stellte ein paar davon im örtlichen Geschenkeladen hier im schönen Forest Falls aus, und sie waren innerhalb von drei Tagen ausverkauft. Inzwischen, einige Jahre später, habe ich mir den Ruf erworben, stabile und künstlerische Vogelhäuser zu bauen. Ich habe meine eigene Webseite (www.naturaluniquebirdhouses.com) und einige Stammkunden, die jedes Jahr das eine oder andere Vogelhaus kaufen.

Je mehr Vogelhäuser ich entwerfe und baue, desto mehr Gestaltungsspielraum erkenne ich, nicht nur funktionale Vogelhäuser zu schaffen, sondern Deko-Objekte, die in jeder Umgebung hinreißend aussehen. Dieses Buch enthält meine persönlichen Lieblingsstücke vom schlichten, rustikal wirkenden Vogelhaus, dekoriert mit Zweigen und Treibholz von Spaziergängen oder Fundstücken aus Werkstatt oder Garten, bis zu farbenfroh bemalten „Designer-Wohnungen" und außergewöhnlichen Kreationen wie der Kirche von Seite 102 und dem Schiff von Seite 110. Ich hoffe, sie locken die Vögel buchstäblich scharenweise in Ihren Garten!

Darüber hinaus habe ich einige Futterhäuser mit aufgenommen, sodass Sie Ihren gefiederten Freunden den Tisch reich decken können – besonders während der rauen Wintermonate, wenn die natürlichen Nahrungsquellen wenig hergeben. Die meisten Projekte erfordern nur Grundkenntnisse in Holzbearbeitung und einfache, überall erhältliche Werkzeuge.

Da wir weiterhin Häuser, Wohnungen und Industriegebäude errichten und Bäume fällen, in denen Vögel Unterschlupf gefunden haben, ist es außerordentlich wichtig, den Vögeln Nistplätze zur Verfügung zu stellen. Wenn Sie Vögel ebenso gerne beobachten wie ich, garantieren Ihnen die Vogelhäuser in diesem Buch zahllose Stunden der Freude.

DOWN UNDER
GHOST PINES
Douglass
CHARLES SHAW

Nistkasten – Grundmodell

Einen einfachen Nistkasten zu bauen ist nicht so schwierig, wie es aussieht. Mit einigen Werkzeugen und etwas Fantasie ausgestattet, können Sie Häuschen anfertigen, in denen Vögel gerne nisten und ihre Jungen aufziehen.

Viele Projekte in diesem Buch basieren auf diesem Grundmodell. Es besteht aus unbehandelten und sägerauen Holzbrettern, die ich wegen ihrer rohen Optik sehr schätze. 180 cm lange, 14 cm breite und 13 mm starke Zaunbretter haben das perfekte Format für den Bau von Nistkästen für kleine Höhlenbrüter. Wollen Sie Nistkästen für größere Vögel bauen, kaufen Sie einfach breitere Bretter. Am besten kaufen Sie gleich zwei Bretter, um Holz in Reserve zu haben, falls Ihnen beim Sägen ein Fehler unterläuft. Geeignete Bretter finden Sie im Bau- oder Holzfachmarkt oder bei einem Sägewerk in Ihrer Nähe.

Material

- 1 Zaunbrett, 180 cm x 14 cm x 13 mm
- Holzleim, wasserfest
- Nägel (Drahtstifte), rostfrei (feuerverzinkt oder Edelstahl), 25 mm lang
- Senkkopfschrauben, rostfrei, 32 mm lang
- Holzkitt, überstreichbar
- Sandpapier, Körnung 80
- Grundausstattung an Werkzeug (siehe Seite 132)

Holzzuschnitt

Front und Rückwand: 23,5 cm x 14 cm (2 x)
Seitenwände: 16 cm x 14 cm (2 x zusägen; 1 Element dient als Öffnungsklappe)
Untere Dachteile: 13 cm x 14 cm (2 x)
Obere Dachteile: 14,5 cm x 14 cm (1 x)
Boden: 11 cm x 14 cm (1 x)

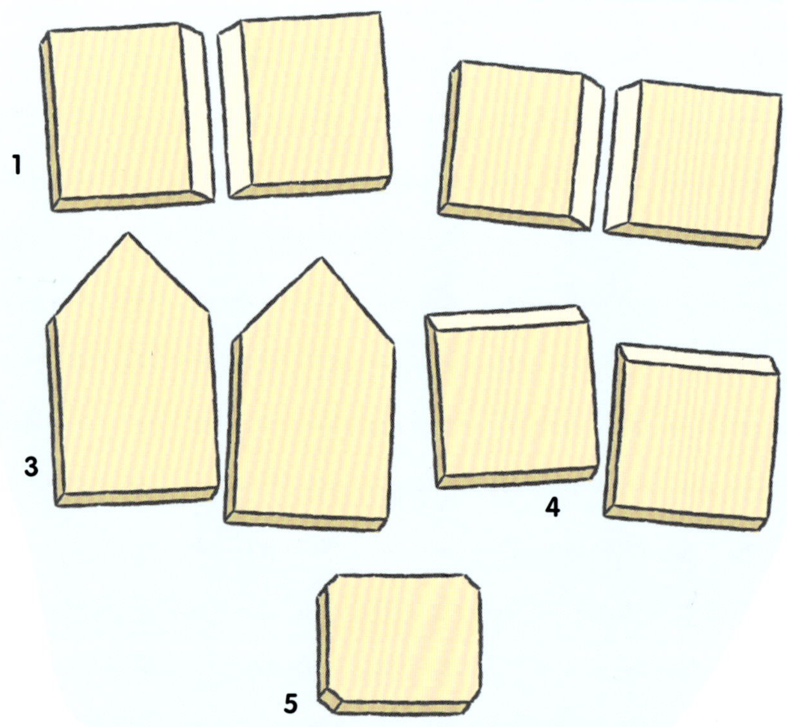

Teile in Form sägen

1 Die Oberkanten der Teile für Front und Rückwand im 45°-Winkel spitz zusägen.

2 Die Oberkanten der Seitenteile im 45°-Winkel abschrägen (auf Gehrung sägen).

3 Die Oberkanten der unteren Dachteile im 45°-Winkel abschrägen.

4 Die Oberkanten der oberen Dachteile im 45°-Winkel abschrägen.

5 Alle 4 Ecken des Bodenteils ca. 6 mm von der Ecke entfernt schräg absägen, damit Wasser am Boden des Nistkastens abfließen kann.

Zusammenbau des Nistkastens

1 Die Front mit der rauen Seite nach unten auf die Arbeitsfläche legen und das Einflugloch mit dem Forstnerbohrer ausbohren oder aussägen. (Genaue Angaben zur Größe und Höhe des Einfluglochs für die verschiedenen Vogelarten finden Sie auf Seite 140/141).

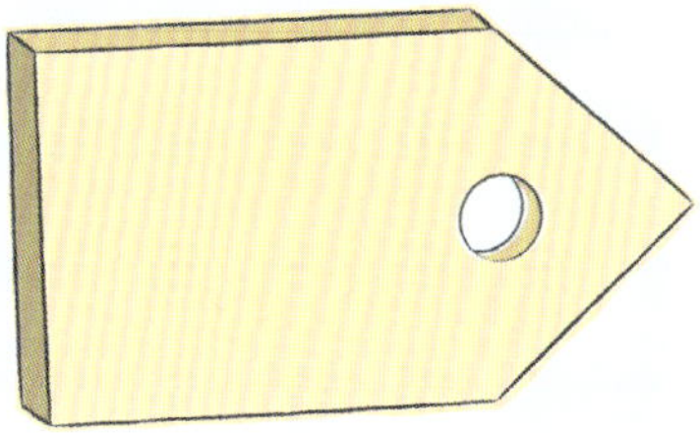

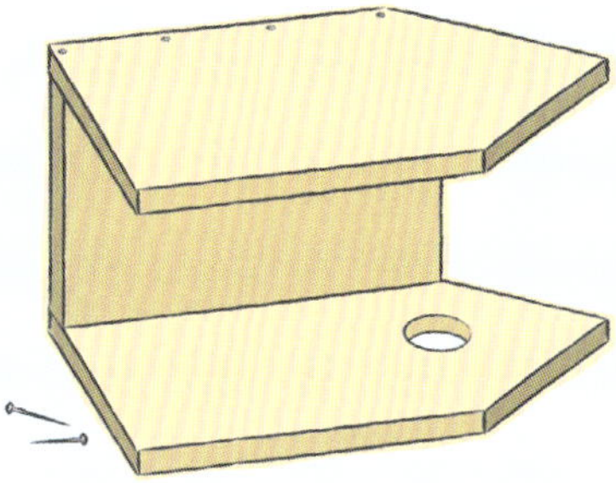

2 Eine Seitenwand mit der rauen Seite nach innen an die Innenkanten von Front und Rückwand leimen und mit Nägeln zusätzlich befestigen. Die andere Seite für die Klappe offen lassen.

3 Den Boden ohne Leim zwischen Front und Rückwand einschieben, dann das verbleibende Seitenteil (für die Öffnungsklappe) einpassen, um sicherzustellen, dass es bei geschlossener Klappe genau mit den Kanten von Front und Rückwand abschließt. Falls die Klappe nicht sauber schließt, das Bodenteil entsprechend absägen. Den Boden einleimen und mit Nägeln befestigen.

4 Das Seitenteil für die Öffnungsklappe zwischen Front und Rückwand einpassen. Mit einem Geodreieck die Stellen für die Löcher an Front und Rückseite markieren: Die Schrauben müssen einander genau gegenüberliegen, damit die Klappe sich problemlos öffnen lässt. Mit einem 3-mm-Bohrer durch Front und Rückwand hindurch in die Öffnungsklappe jeweils ein Loch unterhalb der Stelle vorbohren, an der die Dachschräge beginnt. An Front und Rückwand jeweils eine 32 mm lange, rostfreie Senkkopfschraube als Scharnier für die Öffnungsklappe an der vorgebohrten Stelle einschrauben.

5 Die abgeschrägten Kanten der unteren Dachteile zusammenleimen und -nageln. Das Dach mittig auseinandersägen, sodass zwei Winkel entstehen. Einen dieser Winkel bündig mit der Innenkante auf die Front des Vogelhauses leimen und nageln. Der vordere Überstand schützt das Einflugloch vor dem Regen.

6 Den zweiten Unterdach-Winkel auf die Rückwand leimen und nageln: bündig mit der Außenkante, wenn der Nistkasten an einer Wand angebracht werden soll, mit einem Überstand von 25 mm, wenn der Kasten frei hängen soll.

7 Die beiden oberen Dachteile entlang der abgeschrägten Kanten zusammenleimen und -nageln. Das Oberdach mittig auf das Unterdach leimen und nageln, sodass Lüftungsschlitze entstehen.

8 Alle Löcher mit überstreichbarem Holzkitt ausfüllen, dann den Nistkasten leicht mit Sandpapier (80er-Körnung) abschleifen, um eventuelle Holzsplitter zu entfernen und den Holzkitt bündig mit der Holzoberfläche zu schleifen.

9 Für die Sitzstange unterhalb des Einfluglochs mit einem 3-mm-Holzbohrer ein Loch bohren. Ein 45 mm langes Stück von dem 3 mm starken Rundholzstab absägen und mit dem Hammer so weit in das vorgebohrte Loch klopfen, dass es nur noch 20 mm weit aus der Front des Nistkastens heraussteht.

10 Den Nistkasten für den Anstrich vorbereiten: Dazu allen Staub von der Oberfläche entfernen und das Einflugloch mit Klebeband auskleiden oder mit zerknülltem Papier ausstopfen, damit keine Farbe eindringt, denn im Inneren des Nistkastens muss das Holz sauber und naturbelassen bleiben.

Einfaches Dach

Manche Projekte in diesem Buch haben dieses einfache Dach, für das die Bretter nicht auf Gehrung abgeschrägt werden müssen. Sägen Sie die Dachteile lediglich auf die angegebenen Maße zu und verfahren Sie dann weiter, wie hier beschrieben.

1 In der Anleitung zum jeweiligen Modell steht, ob die Dachteile bündig mit Rückwand oder Front des Nistkastens abschließen oder überstehen sollen. Die Dachteile anleimen und festnageln, sodass sie in der oberen Mitte aneinanderstoßen. Dabei entsteht eine V-förmige Nut am Dachfirst.

2 Eine Vierkantholzleiste mit dem Querschnitt 25 mm x 25 mm auf die erforderliche Länge absägen und so in die V-förmige Nut einleimen und -nageln, dass die Nägel schräg durch Leiste und Dachteil dringen. (Auch hier steht in der jeweiligen Anleitung, ob die Leiste bündig mit Rückwand bzw. Front abschließen oder überstehen soll.)

1. Kapitel

Rustikale Nistkästen

In diesem Kapitel finden Sie Nistkästen aus Naturmaterialien wie Rinde, Treibholz, Moos und Draht. Es gibt eine Vielzahl einzigartiger Kombinationen von schlicht bis klassisch – lauter geräumige Häuser, in denen Vögel brüten und ihre Jungen aufziehen können.

Laden Sie mit diesem rustikalen, aber schlichten Nistkasten kleine Höhlenbrüter in Ihren Garten ein. Ein Draht am Dach dient als einfache Aufhängung. Kleine Treibholzstücke mit Moos in den Spalten zieren die Front und dienen als Griff an der Öffnungsklappe.

Einfacher Nistkasten

Material

- 1 Zaunbrett, 180 cm x 14 cm x 13 mm
- Holzleim, wasserfest
- Nägel, rostfrei, 25 mm lang
- 2 Senkkopfschrauben, rostfrei, 30 mm lang, für die Öffnungsklappe
- 3 Senkkopfschrauben, rostfrei, 30 mm lang, für die Treibholzstücke
- 4,5 cm Rundholzstab, Ø 8 mm
- 26,5 cm Vierkantholzleiste, 25 mm x 25 mm
- 65 cm dicker Draht
- Holzkitt, überstreichbar
- Sandpapier, Körnung 80
- Holzgrundierungsfarbe in Grau
- Sprühfarbe auf Ölbasis in Gelb
- Wetterschutzfarbe in Dunkelbraun
- kleine Treibholzstücke
- Moos
- Klarlack auf Wasserbasis für den Außenbereich
- Grundausstattung an Werkzeug (siehe Seite 132)

Größe
ca. 26,5 cm x 16,5 cm x 14 cm

Innenmaße
Bodenfläche: ca. 11 cm x 14 cm
Raumhöhe: 20 cm
Höhe vom Boden bis zum Einflugloch: 15 cm
Einflugloch: Ø 40 mm

Holzzuschnitt
Front und Rückwand: 23,5 cm x 14 cm (2 x)
Seitenwände: 16,5 cm x 14 cm (2 x; 1 Seitenwand wird zur Öffnungsklappe)
Dach: 22 cm x 14 cm (2 x)
Boden: 11 cm x 14 cm (2 x)

1 Die Teile für den Nistkasten aus dem Zaunbrett zusägen, wie beim Grundmodell (Seite 8–10) beschrieben, jedoch die Dachteile nicht abschrägen. Das Einflugloch mit einem Durchmesser von 40 mm mit dem Mittelpunkt 16,5 cm über der Unterkante mittig in das Frontteil bohren oder sägen.

2 Den Nistkasten gemäß den Arbeitsschritten 2–4 für das Grundmodell (Seite 9) zusammenbauen. Das Dach gemäß der Anleitung für das einfache Dach (Seite 11) anbringen, wobei die Vierkantholzleiste das Dach jeweils um 25 mm überragt. Mit einem 8-mm-Holzbohrer 2,5 cm unterhalb des Einfluglochs ein Loch für die Sitzstange bohren und das 4,5 cm lange Stück Rundholzstab einsetzen (siehe Seite 10, Schritt 9).

3 Mit einem 3-mm-Holzbohrer jeweils ein Loch durch die überstehenden Enden der Vierkantleiste am Dach bohren. Jeweils ein Drahtende durchstecken, zur Schlaufe biegen und einige Male verdrillen, um den Draht zu befestigen. Den Draht in der Mitte ebenfalls einige Male verdrillen, sodass eine Aufhängeschlaufe entsteht.

4 Den Nistkasten für den Anstrich vorbereiten (siehe Seite 10, Schritt 10) und anschließend von allen Seiten (einschließlich Unterseite) mit grauer Farbe grundieren, dann Front, Rückwand und Seitenwände gelb streichen, dabei die Farbe nach jedem Anstrich gründlich trocknen lassen. Das Holz leicht anschleifen, sodass die graue Grundierung durchschimmert. 1 Teil dunkelbraune Bastelfarbe mit 2 Teilen Wasser verdünnen und das Dach damit streichen. Die Kanten von Nistkasten und Dach anschleifen, um eine „antike“ Optik zu erzielen.

5 Mit einem 3-mm-Holzbohrer ein Loch für die Schraube in das Treibholzstück für die Front bohren und mit dem Versenkbohrer weiten (siehe Seite 135). Das Treibholzstück an die Front schrauben, dabei die Schraube nicht überdrehen. Etwas Leim auf den versenkten Schraubenkopf auftragen und Moos aufkleben, um die Schraube zu verbergen. Dann etwas Leim auf die Seite des Treibholzstücks auftragen und Moos unter die Kante und darum herum kleben. Ein weiteres Loch durch die Rückseite der Öffnungsklappe und in ein Treibholzstück für den Klappengriff bohren. Den Griff anschrauben.

6 Das Einflugloch mit Klebeband oder zerknülltem Papier schützen, dann den Nistkasten von außen lackieren (siehe Seite 132).

Dieser Nistkasten mit Baumrinde und Moos auf dem Dach und an der Front wirkt sehr traditionell. Treibholzstücke betonen den Giebel und dienen als ungewöhnlicher Knopf für die Öffnungsklappe.

Nistkasten mit Baumrinde

Material
- 1 Zaunbrett (180 cm x 14 cm x 13 mm)
- Holzleim, wasserfest
- Nägel, rostfrei, 25 mm lang
- Senkkopfschrauben, rostfrei, 30 mm und 15 mm lang
- 4,5 cm Rundholzstab, Ø 8 mm, für die Sitzstange
- Holzkitt, überstreichbar
- Sandpapier, 80er-Körnung
- Sprühfarbe auf Ölbasis in Salbeigrün
- Kiefern- und Eichenrinde
- 1 kleines Stück Treibholz für den Griff der Öffnungsklappe
- 1 Treibholzstab, 15–20 cm lang
- Moos
- 65 cm dicker Draht
- 2 Schraubösen, 32 mm lang
- Klarlack auf Wasserbasis für den Außenbereich
- Grundausstattung an Werkzeug (siehe Seite 132)

Größe
ca. 28 cm x 16 cm x 14 cm

Innenmaße
Bodenfläche: 11 cm x 15 cm
Raumhöhe: 20 cm
Höhe vom Boden bis zum Einflugloch: 15 cm
Einflugloch: Ø 32 mm

Holzzuschnitt
Front und Rückwand: 23,5 cm x 14 cm (2 x)
Seitenwände: 16 cm x 14 cm (2 x; 1 Seitenwand wird zur Öffnungsklappe)
Unterer Teil des Daches: 13 cm x 14 cm (2 x)
Oberer Teil des Daches: 14,5 cm x 14 cm (2 x)
Boden: 11 cm x 14 cm (1 x)

1 Gemäß der Grundanleitung (Seite 8–10) die Teile für den Nistkasten aus einem Zaunbrett zusägen. Eines der dreieckigen Teile, die beim Zusägen der Front übrig bleiben, aufheben. 16,5 cm von der Unterkante entfernt das 32 mm große Einflugloch mittig in das Frontteil bohren bzw. aussägen.

2 Den Nistkasten zusammenbauen (siehe Schritt 2–9 der Grundanleitung auf Seite 9/10). Den Nistkasten für den Anstrich vorbereiten (siehe Seite 10, Schritt 10), dann grün anstreichen und trocknen lassen.

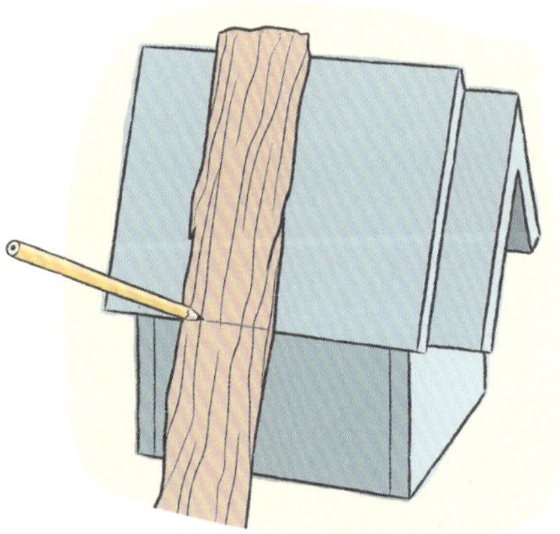

3 Die Rindenstücke auf das Dach legen und mit einem Bleistift anzeichnen, wo sie abgesägt werden müssen.

4 Moos auf den Dachfirst leimen, dann die Rindenstücke aufleimen und dabei nach und nach auch kleine Moosstücke an die Traufkante des Daches kleben. Die Rindenstücke oben, in der Mitte und unten annageln, um sie sicher zu befestigen. Dort, wo das Holzdach des Nistkastens durchschimmert, weitere Moosstückchen einleimen.

Schwarzkopfmeise
(Poecile
atricapillus)

5 Mit einem 1,5-mm-Holzbohrer jeweils ein Loch für die Schrauböse 2,5 cm unterhalb des Dachfirsts in Front und Rückwand vorbohren. Mit einer Spitzzange die Schraubösen fest einschrauben. Den Draht zum Aufhängen des Vogelhauses an den Ösen befestigen.

6 Mit einem 3-mm-Holzbohrer ein Loch in den Treibholzstab und in den Dachgiebel vorbohren und mit dem 8-mm-Versenkbohrer erweitern, um den Schraubenkopf versenken zu können. Dann die Schraube eindrehen. Ein weiteres Loch durch die Rückseite der Öffnungsklappe vorbohren und das Treibholzstück als Griff anschrauben.

7 Die Front des Nistkastens leicht anschmirgeln. Ein Stück Moos etwas von der Mitte nach außen versetzt aufleimen. Mit einem 3-mm-Holzbohrer ein Loch in die Front vorbohren, dann ein Rindenstück mit einer 15 mm langen Schraube anschrauben. Den Nistkasten von außen lackieren (siehe Seite 132).

Blaumeise
(Cyanistes caeruleus)

Blau angestrichen und mit rustikalen Akzenten wie Schneckenhäusern, Treibholz- und Seilstücken sieht dieser Nistkasten einfach hinreißend aus. Die vorderen Türen lassen sich zum Reinigen öffnen, doch ein kleiner Riegel aus Draht verhindert, dass die Türen aufgehen, während das Haus bewohnt wird.

Nistkasten „Blaue Scheune"

Material
- 1 Zaunbrett (180 cm x 14 cm x 13 mm)
- Holzleim, wasserfest
- Nägel, rostfrei, 25 mm lang
- 23 cm Vierkantholzleiste, 25 mm x 25 mm
- 4 patinierte Scharniere, 87 mm x 87 mm
- 3 Senkkopfschrauben, rostfrei, 30 mm
- 3 Treibholzstücke, jeweils 5–10 cm lang
- Schneckenhäuser
- Reste eines alten Seils
- 15 cm dicker, schwarzer Draht
- Holzkitt, überstreichbar
- Sandpapier, 80er-Körnung
- Sprühfarbe auf Ölbasis in Dunkelblau
- Wetterschutzfarbe in Dunkelbraun
- 2 Schrauben, rostfrei, 5 cm lang
- Klarlack auf Wasserbasis für den Außenbereich
- Grundausstattung an Werkzeug (siehe Seite 132)

Größe
ca. 33,5 cm x 14 cm x 19 cm

Innenmaße
Bodenfläche: 10,5 cm x 14 cm
Raumhöhe: 14,5 cm
Höhe vom Boden bis zum Einflugloch: 10 cm
Einflugloch: Ø 28 mm

Holzzuschnitt
Front und Rückwand: 16,5 cm x 14 cm (2 x)
Seitenwände: 9,5 cm x 14 cm (2 x)
Dach: 20 cm x 24 cm (2 x)
Boden: 11 cm x 14 cm (1 x)
Befestigungsbrett für die Rückseite: 35 cm x 14 cm (1 x)

1 Die Teile für Front und Rückwand in Form sägen, wie in der Grundanleitung auf Seite 8 beschrieben. Ein 28 mm großes Einflugloch 11,5 cm von der Unterkante entfernt mittig in das Frontteil bohren oder sägen. 1 cm unter dem Beginn der Dachschräge eine horizontale Linie auf das Frontteil zeichnen und den dreieckigen oberen Teil absägen. An der rechten und linken Ecke des Dreiecks jeweils ein 6 mm langes Stück absägen. Den unteren Teil der Front vertikal halbieren.

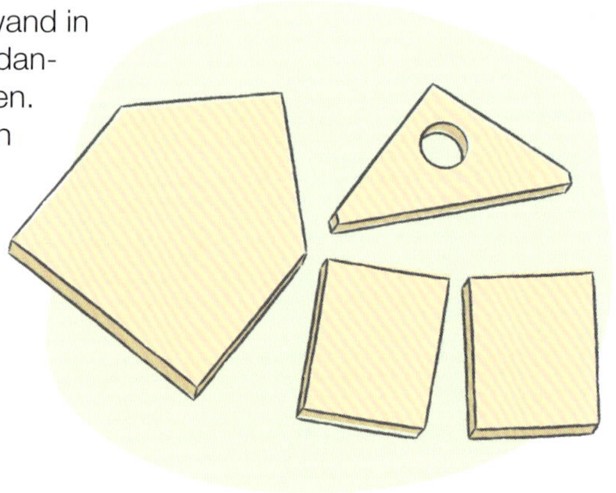

2 Die Rückwand an die Seitenteile leimen und nageln; die unteren Frontteile für die Türchen beiseitelegen. Den dreieckigen Teil der Front oben an den Seitenteilen anleimen und -nageln.

3 Die oberen Außenecken der Türchen dort im 45°-Winkel abschrägen, wo das Dach später die Türchen berührt. Mit einem 3-mm-Holzbohrer an den Seitenteilen und an den Seitenkanten der Türchen Löcher zum Anschrauben der Scharniere vorbohren. Auf jeder Seite 2 kleine Scharniere an Seitenwand und Tür anbringen. Die Scharniere müssen bei geschlossener Tür flach liegen, damit sich die Türchen sauber öffnen lassen.

4 Die Dachteile und die Vierkantleiste anbringen, wie beim einfachen Dach auf Seite 11 beschrieben. Unterhalb des Dachfirst ein Holzdreieck als dekoratives Element an der Front anbringen.

5 Den Nistkasten auf das Befestigungsbrett schrauben.

6 Den Nistkasten direkt auf das rohe Holz mit blauer Sprühfarbe einsprühen. Die Farbe trocknen lassen und dann mit 80er-Sandpapier anschleifen. Das Dach mit verdünnter, dunkelbrauner Wetterschutzfarbe überstreichen. Die Farbe trocknen lassen und dann leicht anschleifen, um eine „antike“ Optik zu erzielen.

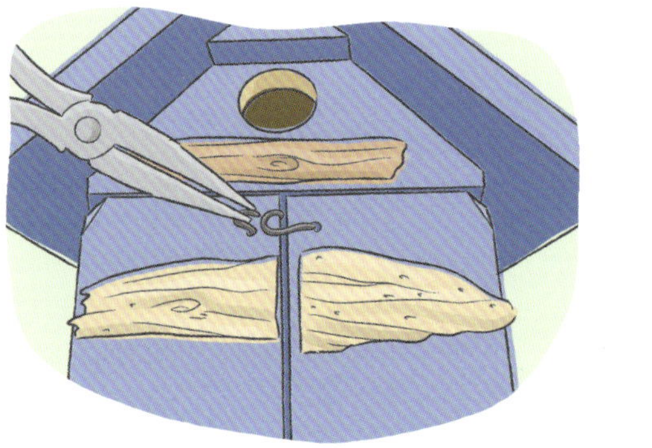

7 Die Treibholzstücke annageln oder -schrauben. Mit einem 3-mm-Holzbohrer in jedes Türchen ca. 1 cm von der mittleren Öffnung entfernt ein Loch bohren. Den Draht hindurchführen und die Enden auf der Rückseite mit einer Zange verdrillen, um sie zu sichern. Die Drähte auf der Vorderseite zu Haken biegen, sodass ein Riegel zum Verschließen der Türchen entsteht.

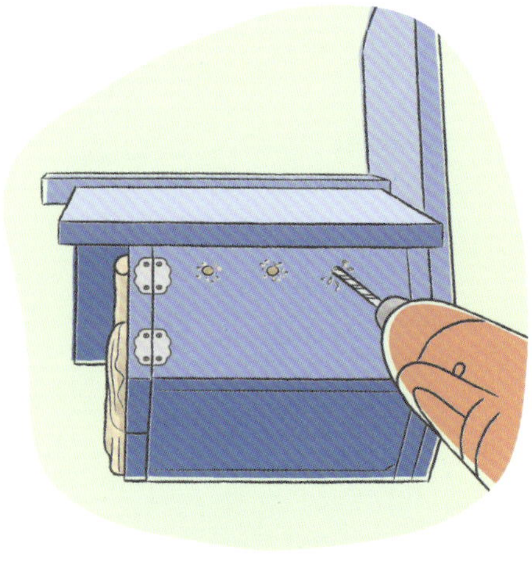

8 Mit einem 8-mm-Holzbohrer unterhalb der Traufkanten des Daches schräge Belüftungslöcher in die Seitenwände bohren. Den Bohrstaub sorgfältig entfernen, dann den Nistkasten lackieren (siehe Seite 132).

Mit all seinen Elementen aus der Natur – Moos, Treibholz und Rinde – zieht dieser Nistkasten garantiert Bewohner an. Ich habe ein Rindenstück mit einem perfekt zentrierten Loch gefunden, aber machen Sie sich nichts draus, wenn bei Ihrem Rindenstück das Loch nicht genau in der Mitte sitzt: Den Vögeln ist das egal! Wer mag, sägt oder bohrt das Loch selbst. Die Front muss angestrichen werden, bevor sie mit den Seitenwänden verbunden wird, damit Sie das Loch im Rindenstück direkt über dem Einflugloch platzieren können.

Waldeslust

Material und Werkzeug

- 1 Zaunbrett, 180 cm x 14 cm x 13 mm
- Holzleim, wasserfest
- Nägel, rostfrei, 25 mm lang
- 1 Stück Rinde, ca. 25 cm lang, mit einem Loch, Ø 40 mm
- 12 Senkkopfschrauben, rostfrei, 30 mm lang
- 2 Holzschrauben, 20 mm lang
- Holzkitt, überstreichbar
- Sandpapier, 80er-Körnung
- Sprühfarbe auf Ölbasis, witterungsbeständig, in Braun und gebrochenem Weiß
- 5–7 Treibholzstücke
- Moos
- 1 Rohrschelle mit 2 Löchern, Ø 25 mm
- 2 Holzschrauben, 20 mm lang, zum Anschrauben der Rohrschelle
- Klarlack auf Wasserbasis, witterungsbeständig
- Grundausstattung an Werkzeug (siehe Seite 132)

Größe

ca. 35,5 cm x 17 cm x 14 cm

Innenmaße

Bodenfläche: 10,5 cm x 14 cm
Raumhöhe: 28 cm
Höhe vom Boden bis zum Einflugloch: 18 cm
Einflugloch: Ø 40 mm

Holzzuschnitt

Front und Rückwand: 30 cm x 14 cm (2 x)
Seitenwände: 25 cm x 14 cm (2 x; 1 Seitenwand wird zur Öffnungsklappe)
Unterer Teil des Daches: 12,5 cm x 14 cm (2 x)
Oberer Teil des Daches: 14,5 cm x 14 cm (2 x)
Boden: 11 cm x 14 cm (1 x)

1 Die Teile für den Nistkasten aus dem Zaunbrett zusägen, wie beim Grundmodell auf Seite 8 beschrieben. Bevor die Front im 45°-Winkel spitz zugesägt wird, das Rindenstück auf die Front legen und durch das Loch in der Rinde einen Kreis für das Einflugloch auf das Holz aufzeichnen. Dann das Frontteil in Form sägen und das Einflugloch bohren oder sägen.

2 Rückwand, Seitenwand, Öffnungsklappe und Boden zusammensetzen (siehe Seite 9, Schritt 2–4). Die Front noch nicht montieren.

3 Den Nistkasten für den Anstrich vorbereiten (siehe Seite 10, Schritt 10), dann die Außenseite der Front braun grundieren und trocknen lassen. Sprühfarbe in gebrochenem Weiß aufsprühen und ebenfalls trocknen lassen. Die Front leicht anschleifen, damit sie verwittert wirkt.

4 Mit einem 3-mm-Holzbohrer von der Rückseite des Frontteils aus Löcher vorbohren und das Rindenstück mit 30 mm langen Schrauben anbringen.

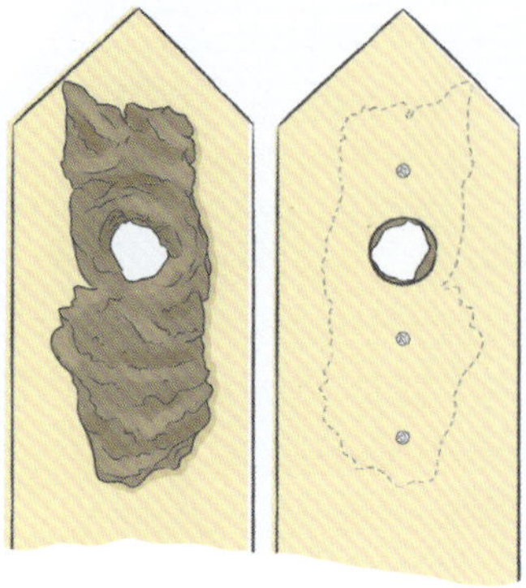

Zaunkönig
(Troglodytes troglodytes)

5 Das Frontteil an das Seitenteil leimen und nageln. Die an die Öffnungsklappe angrenzende Seite nicht annageln.

6 Den Nistkasten fertigstellen, wie beim Grundmodell auf Seite 9/10 unter Schritt 5–10 beschrieben.

7 Das Frontteil abdecken, dann Seitenwände und Rückwand mit brauner und gebrochen weißer Farbe gestalten, wie bei der Front beschrieben (Schritt 3). Das Dach mit brauner Farbe einsprühen und trocknen lassen.

8 Die Treibholzstücke mit 30 mm langen Senkkopfschrauben anbringen. Etwas wasserfesten Leim auf jeden Schraubenkopf tupfen und ein Moosstücken aufkleben; dabei das Moos nach Belieben zwischen die Treibholzstücke stecken.

9 Die Öffnungsklappe herausnehmen, ein Loch durch die Rückseite der Klappe und in ein Treibholzstück bohren und das Treibholzstück mit einer 30 mm langen Schraube als Griff befestigen. Die Öffnungsklappe an Front und Rückwand befestigen (siehe Seite 9, Schritt 4).

10 Eine Rohrschelle mit 25 mm Durchmesser und 2 Löchern als Aufhängung am Dachfirst anschrauben (siehe Seite 138).

11 Das Einflugloch mit zerknülltem Papier ausstopfen oder mit Klebeband abkleben und den Nistkasten lackieren (siehe Seite 132). Den Nistkasten mittels der aufgeschraubten Rohrschelle aufhängen.

Das lebhafte Grün und das dreilagige Dach machen diesen Nistkasten zu einem Blickfang in jedem Garten. Wenn Sie ihn an einem Stück Treibholz aufhängen, bekommt er eine zusätzliche rustikale Note, die überdies gut mit den Deko-Elementen an der Nistkastenfront harmoniert.

Gartenfreude

Material und Werkzeug

- 1 Zaunbrett, 180 cm x 14 cm x 13 mm
- Holzleim, wasserfest
- Nägel, rostfrei, 25 mm lang
- Senkkopfschrauben, rostfrei, 30 mm lang, für Öffnungsklappe und Treibholzstücke
- 4,5 cm Rundholzstab, Ø 8 mm, für die Sitzstange
- Holzkitt, überstreichbar
- Sandpapier, 80er-Körnung
- Grundierungsfarbe in Braun
- Sprühfarbe auf Ölbasis, witterungsbeständig, in Grün
- 5 Treibholzstücke, ca. 8–18 cm lang
- Draht zum Aufhängen des Nistkastens
- 1 Rohrschelle mit 2 Löchern, Ø 25 mm
- 2 Holzschrauben, 20 mm lang, zum Anschrauben der Rohrschelle
- Bastelfarben, witterungsbeständig (optional)
- Klarlack auf Wasserbasis, witterungsbeständig
- Grundausstattung an Werkzeug (siehe Seite 132)

Größe

ca. 30 cm x 17 cm x 14 cm

Innenmaße

Bodenfläche: 10,5 cm x 14 cm
Raumhöhe: 20 cm
Höhe vom Boden bis zum Einflugloch: 15 cm
Einflugloch: Ø 32 mm

Holzzuschnitt

Front und Rückwand: 23,5 cm x 14 cm (2 x)
Seitenwände: 16 cm x 14 cm (2 x; 1 Seitenwand wird zur Öffnungsklappe)
Unterer Teil des Daches: 13 cm x 14 cm (2 x)
Mittlerer Teil des Daches: 14,5 cm x 14 cm (2 x)
Oberer Teil des Daches: 10 cm x 13,5 cm (2 x)
Boden: 11 cm x 14 cm (1 x)

1 Die Teile für den Nistkasten aus dem Zaunbrett zuschneiden und in Form sägen, wie beim Grundmodell auf Seite 8 beschrieben. Ein 32 mm großes Einflugloch 16,5 cm von der Unterkante entfernt mittig in das Frontteil bohren oder sägen.

2 Den Nistkasten zusammenbauen, wie beim Grundmodell beschrieben (Seite 9/10, Schritt 2–8), dann das oberste Dachteil auf das mittlere leimen und nageln.

3 Ein Loch für die Sitzstange bohren und den Rundholzstab einsetzen (siehe Seite 10, Schritt 9).

4 Den Nistkasten für den Anstrich vorbereiten (siehe Seite 10, Schritt 10) und anschließend von außen komplett mit brauner Farbe grundieren. Die Farbe trocknen lassen, dann den Kasten und die Kanten des untersten Dachteils mit grüner Farbe einsprühen. Wenn die Farbe getrocknet ist, den Nistkasten anschleifen, sodass die braune Farbe durchschimmert. 1 Teil braune Farbe mit 2 Teilen Wasser verdünnen und damit das Dach streichen, jedoch die vorderste Dachkante grün lassen. Die Farbe trocknen lassen, dann die Dachkanten anschleifen, damit sie leicht verwittert wirken.

5 Die Rohrschelle (Ø 25 mm) als Aufhängung an das Dach schrauben (siehe Seite 138).

6 Ein 18 cm langes Stück Treibholz für die Aufhängung an beiden Enden durchbohren. Ein Drahtstück durch eines der Löcher und dann durch die Rohrschelle führen. Beide Drahtenden miteinander verdrillen. Eine zweite Drahtschlinge zum Aufhängen des Nistkastens am anderen Ende des Treibholzstabes anbringen.

7 Die Öffnungsklappe aus dem Häuschen entfernen. Mit einem 3-mm-Holzbohrer mehrere Löcher von der Rückseite aus durch die Klappe bohren und ein Treibholzstück als Griff aufschrauben. Weitere Treibholzstücke zur Dekoration mit 30 mm langen Schrauben an die Front schrauben. Die Öffnungsklappe wieder einsetzen. Nach Belieben mit witterungsbeständigen Farben Blumen auf die Front malen.

8 Das Einflugloch mit zerknülltem Papier ausstopfen oder mit Klebeband abkleben und den Nistkasten lackieren (siehe Seite 132).

Ich reise überaus gern ans Meer und sammle am Strand alle Arten von Muscheln, Schnecken und Treibholz. Dieses Strandgut hat mich zu einem maritimen Nistkasten inspiriert.

Strandgut

Material und Werkzeug

- 1 Zaunbrett, 180 cm x 14 cm x 13 mm
- Holzleim, wasserfest
- Nägel, rostfrei, 25 mm lang
- 2 Senkkopfschrauben, rostfrei, 30 mm lang
- 2 Senkkopfschrauben, rostfrei, 50 mm lang
- 3 Stücke Rundholzstab, Ø 8 mm, in den Längen 2,5 cm, 4 cm und 4,5 cm für die Sitzstangen
- 3 vom Zaunbrett abgesägte Leisten für die Gesimse, jeweils 14 cm x 13 mm
- 1 Stück Zaunbrett, 46,5 cm x 9 cm, als Befestigungsbrett
- Holzkitt, überstreichbar
- Sandpapier, 80er-Körnung
- Sprühfarbe auf Ölbasis, witterungsbeständig, in Dunkelbraun und Elfenbein
- Bastelfarbe, witterungsbeständig, in Braun
- Klarlack auf Wasserbasis, witterungsbeständig
- Dekorationselemente, passend zum maritimen Thema: z.B. Seestern, Muscheln, Seil (Ø 12 mm)
- 3 dekorative Schlüssel
- Silikonkleber, witterungsbeständig, und Silikonspritze
- 1 Türknopf aus Holz mit Schraubstiel
- Grundausstattung an Werkzeug (siehe Seite 132)

Größe

ca. 35,5 cm x 14 cm x 16 cm

Innenmaße

Bodenfläche: 11 cm x 14 cm
Raumhöhe: 29 cm
Höhe vom Boden bis zum Einflugloch: 25 cm
Einflugloch: Ø 32 mm

Holzzuschnitt

Front und Rückwand: 31 cm x 14 cm (2 x)
Seitenwände: 24 cm x 14 cm (2 x; 1 Seitenwand wird zur Öffnungsklappe)
Unterer Teil des Daches: 20 cm x 14 cm (2 x)
Oberer Teil des Daches: 14,5 cm x 14 cm (2 x)
Boden: 11 cm x 14 cm (1 x)
Befestigungsbrett: 50 cm x 14 cm (aus einem Ende des Zaunbretts geschnitten)

1 Die Teile für den Nistkasten aus dem Zaunbrett zuschneiden und in Form sägen, wie beim Grundmodell auf Seite 8 beschrieben. Ein 32 mm großes Einflugloch 25 cm von der Unterkante entfernt mittig in das Frontteil bohren oder sägen. Dann den Nistkasten zusammenbauen und für den Anstrich vorbereiten, wie beim Grundmodell beschrieben (Seite 9/10, Schritt 2–8).

2 Mit einem 8-mm-Holzbohrer 3 Löcher für die Sitzstangen beliebig verteilt unterhalb des Einfluglochs in die Front bohren. Das 2,5 cm lange Stück Rundholzstab in das linke Loch, das 4 cm lange Stück ins mittlere Loch und das 4,5 cm lange Stück ins rechte Loch einsetzen, sodass jeder Stab ein Stückchen weiter hervorsteht als der vorhergehende.

3 Für die Gesimse 3 Stücke à 14 cm x 13 mm vom Zaunbrett absägen. Das erste Stück von Kante zu Kante quer über das Dach legen, auf der Rückseite markieren und beidseitig im 45°-Winkel absägen. Das zweite Teil 13 cm oberhalb der Unterkante quer auf die Front leimen und schrauben. Das dritte Stück auf 7,5 cm Länge absägen und ein Ende im 45°-Winkel absägen. Dieses Stück 4 cm oberhalb der Unterkante auf die Front leimen und nageln.

4 Mit einem 4-mm-Holzbohrer 2 Löcher für die 5 cm langen Schrauben in das obere Ende des Befestigungsbrettes bohren. Mit einem 3-mm-Holzbohrer an den entsprechenden Stellen Löcher in die Rückwand des Nistkastens bohren, dann den Kasten mit 30 mm langen Schrauben an das Befestigungsbrett schrauben.

5 Nistkasten und Befestigungsbrett dunkelbraun grundieren und die Farbe trocknen lassen. Dann die Wände des Kastens in Elfenbein streichen und trocknen lassen. Schließlich die Sitzstangen und Gesimse dunkelbraun streichen und die feuchte Farbe mit einem Lumpen abreiben, damit sie durchscheinend wirkt. Die braune Farbe im Verhältnis 1:2 mit Wasser verdünnen und damit das Dach streichen, sodass es abgenutzt aussieht.

6 Mit witterungsbeständigem Silikonkleber oder einer Heißklebepistole und witterungsbeständigem Klebestick die gewünschten Dekorationselemente beliebig verteilt am Nistkasten anbringen. Seil oder kleine Schlüssel zusätzlich annageln, damit sie sicher halten. Das Einflugloch mit zerknülltem Papier ausstopfen oder mit Klebeband abkleben und den Nistkasten lackieren (siehe Seite 132).

7 Mit einem Holzbohrer der geeigneten Stärke ein Loch in die Öffnungsklappe bohren. Den Schraubstiel des Türknopfs durch das Loch stecken und mit Beilagscheibe und Kontermutter sichern.

Dieser Nistkasten kann auf einem Regal im Freien aufgestellt oder in einer überdachten Ecke der Terrasse aufgehängt werden, um die Vögel zum Nisten einzuladen. Die gedämpften Farben und die Dekorationselemente aus gebleichtem Treibholz verleihen Ihrem Garten eine rustikal-folkloristische Note.

Landliebe

Material und Werkzeug

- 1 Zaunbrett, 180 cm x 14 cm x 13 mm
- Holzleim, wasserfest
- Nägel, rostfrei, 25 mm lang
- 4,5 cm Rundholzstab, Ø 8 mm, für die Sitzstange
- 3 Treibholzstücke, ca. 12 cm lang, und 1 Stück, ca. 4 cm lang
- ca. 40 Holzspatel, 2 cm x 10 cm (Bastelbedarf oder Apotheke)
- 1 Rohrschelle mit 2 Löchern, Ø 25 mm
- 2 Holzschrauben, 20 mm lang, zum Anschrauben der Rohrschelle
- 10 Senkkopfschrauben, rostfrei, 30 mm lang, für Öffnungsklappe und Treibholzstücke
- Sandpapier, 80er-Körnung
- Holzkitt, überstreichbar
- Grundierungsfarbe in Weiß und Braun
- Sprühfarbe auf Ölbasis, witterungsbeständig, in Salbeigrün
- Bastelfarbe, witterungsbeständig, in Dunkelbraun
- Klarlack auf Wasserbasis, witterungsbeständig
- Grundausstattung an Werkzeug (siehe Seite 132)

Größe

ca. 35,5 cm x 17 cm x 14 cm

Innenmaße

Bodenfläche: 10,5 cm x 14 cm
Raumhöhe: 25 cm
Höhe vom Boden bis zum Einflugloch: 20 cm
Einflugloch: Ø 32 mm

Holzzuschnitt

Front und Rückwand: 30 cm x 14 cm (2 x)
Seitenwände: 23 cm x 14 cm (2 x; 1 Seitenwand wird zur Öffnungsklappe)
Unterer Teil des Daches: 13 cm x 14 cm (2 x)
Oberer Teil des Daches: 14,5 cm x 14 cm (2 x)
Boden: 11 cm x 14 cm (1 x)

1 Für das dekorative Bord an der Vorderseite des Nistkastens eine 25 mm breite Leiste über die ganze Breite des Zaunbretts absägen. Falls das Brett nicht bereits abgeschrägte Ecken hat, die Schmalseiten mit der Säge abschrägen (siehe Foto). Die Teile für den Nistkasten aus dem Zaunbrett zuschneiden und in Form sägen, wie beim Grundmodell auf Seite 8 beschrieben.

2 Ein 32 mm großes Einflugloch 21,5 cm von der Unterkante entfernt mittig in das Frontteil bohren oder sägen. Mit einem 8-mm-Holzbohrer unterhalb des Einflugloches ein Loch für die Sitzstange bohren und das Stück Rundholzstab einsetzen. Die zuvor zugesägte Leiste als Bord an die Front leimen und nageln. Den Nistkasten zusammenbauen, wie beim Grundmodell beschrieben (Seite 9/10, Schritt 2–8).

3 Die Außenseiten von Front, Rückwand, Seitenwänden und Boden weiß grundieren, die Außenseite des Daches braun grundieren. Die Farben trocknen lassen. Front, Rückwand, Seitenwände und Unterseite mit grüner Farbe einsprühen und trocknen lassen. Das Holz leicht anschleifen, damit die weiße Grundierung durchschimmert. Dunkelbraune, witterungsbeständige Bastelfarbe im Verhältnis 1:2 mit Wasser verdünnen und damit das Dach und das Bord bemalen.

4 Die Öffnungsklappe entfernen. Mit einem 3-mm-Holzbohrer von der Rückseite aus Löcher in die Front bohren; ein kurzes Stück Treibholz über dem Bord und ein langes Stück Treibholz darunter mit 30 mm langen Schrauben befestigen. Den Treibholz-Griff auf dieselbe Weise an der Öffnungsklappe anschrauben. Die Holzstücke für die Front können auch angenagelt werden.

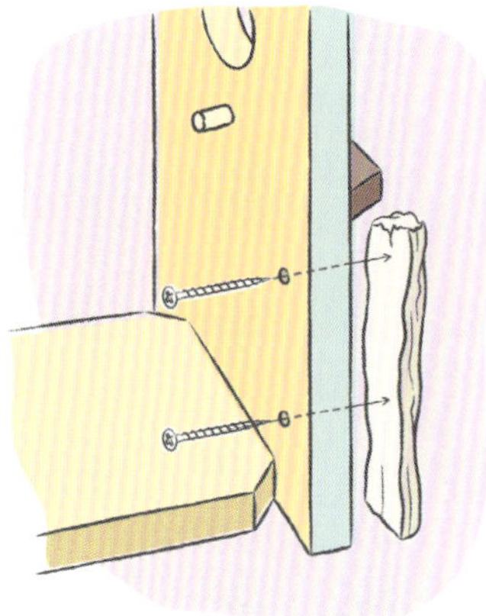

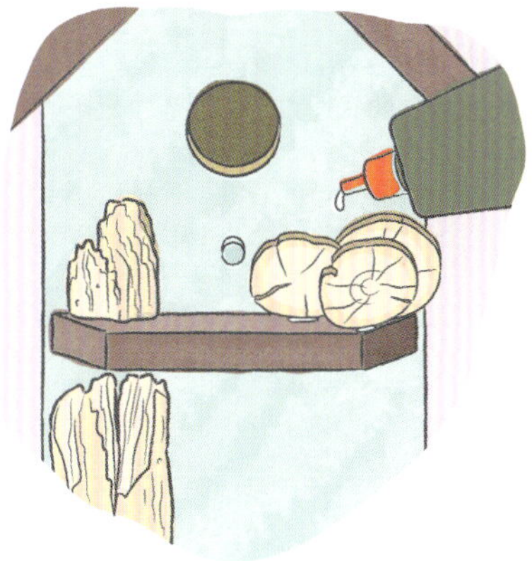

5 Vom letzten Treibholzstab 4 Scheiben absägen. 3 Holzscheiben zusammenleimen, den Leim trocknen lassen und die Scheiben rechts über dem Bord an die Front leimen. Die 4. Holzscheibe an die Unterkante der Front neben den Treibholzstab leimen. Die Holzspatel schindelartig auf das Dach leimen.

6 Die Rohrschelle als Aufhängung an den Dachfirst schrauben (siehe Seite 138).

7 Das Einflugloch mit zerknülltem Papier ausstopfen oder mit Klebeband abkleben und den Nistkasten lackieren (siehe Seite 132). Den Nistkasten an der Rohrschelle aufhängen.

Indianermeise (Baeolophus bicolor)

Dieser rot-weiße Nistkasten im Stil schwedischer Sommerhäuser lässt sich leicht an einem Baum, Zaun oder der Wand einer Terrasse anbringen und bietet Platz für kleine Meisenarten und andere kleine Höhlenbrüter.

Schwedenhaus

Material und Werkzeug

- 1 Zaunbrett, 180 cm x 14 cm x 13 mm
- 50 cm Vierkantholzleiste, 25 mm x 25 mm
- Holzleim, wasserfest
- Nägel, rostfrei, 25 mm lang
- 2 Senkkopfschrauben, rostfrei, 30 mm lang
- 1 Stück Zaunbrett, 9 cm x 45 cm, als Befestigungsbrett
- 3 Senkkopfschrauben, rostfrei, 50 mm lang
- 4,5 cm Rundholzstab, Ø 8 mm, für die Sitzstange
- Holzkitt, überstreichbar
- Sandpapier, 80er-Körnung
- Sprühfarbe auf Ölbasis, witterungsbeständig, in Dunkelrot
- Bastelfarben, witterungsbeständig, in Weiß, Dunkelbraun und Grün
- Klarlack auf Wasserbasis, witterungsbeständig
- Moos
- Grundausstattung an Werkzeug (siehe Seite 132)

Größe

ca. 35,5 cm x 17 cm x 14 cm

Innenmaße

Bodenfläche: 11 cm x 14 cm
Raumhöhe: 23 cm
Höhe vom Boden bis zum Einflugloch: 15 cm
Einflugloch: Ø 32 mm

Holzzuschnitt

Front und Rückwand: 23,5 cm x 14 cm (2 x)
Seitenwände: 16 cm x 14 cm (2 x; 1 Seitenwand wird zur Öffnungsklappe)
Unterer Teil des Daches: 13 cm x 14 cm (2 x)
Oberer Teil des Daches: 14,5 cm x 14 cm (2 x)
Boden: 11 cm x 14 cm (1 x)
Befestigungsbrett: 44,5 cm x 9 cm (1 x)

1 Die Teile für den Nistkasten aus dem Zaunbrett zuschneiden und in Form sägen, wie beim Grundmodell auf Seite 8 beschrieben. Einen der dreieckigen Abschnitte des Frontteils aufheben. Ein 32 mm großes Einflugloch 16,5 cm von der Unterkante entfernt mittig in das Frontteil bohren oder sägen.

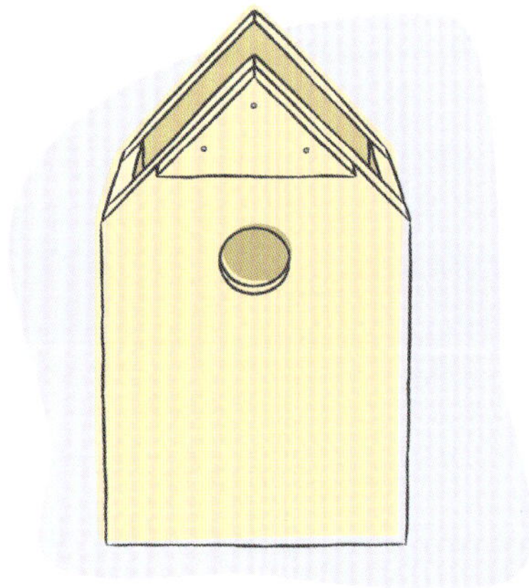

2 Wände und Boden zusammenbauen, wie beim Grundmodell beschrieben (Seite 9/10, Schritt 2–4). Das zuvor beiseitegelegte dreieckige Holzteil so an die Spitze der Front leimen, dass die längste Kante die Basis bildet.

3 Die Vierkantholzleiste an der gewünschten Stelle schräg über die Front legen und auf der Rückseite der Leiste mit Bleistift Länge und Schnittwinkel anzeichnen. Die Leiste entsprechend absägen, dann aufleimen und annageln. Zwei kürzere Leistenstücke diagonal zur ersten Leiste montieren, sodass ein Andreaskreuz entsteht. Der Schnittwinkel des ersten Stücks entspricht dem für die beiden anderen Stücke erforderlichen Winkel.

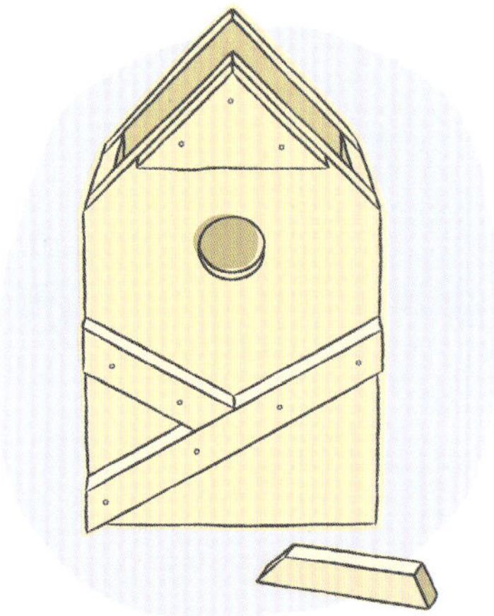

4 Ein 9 cm langes Stück Vierkantleiste für den Griff an der Öffnungsklappe absägen. Mit einem 3-mm-Holzbohrer von der Rückseite her ein Loch durch die Öffnungsklappe und die Griffleiste bohren. Die Griffleiste anleimen und annageln, dann von der Rückseite der Klappe her mit einer 30 mm langen Schraube zusätzlich sichern.

5 Den Nistkasten fertig zusammenbauen und für den Anstrich vorbereiten (siehe Grundmodell, Seite 9/10, Schritt 5–10). Den Nistkasten auf das Befestigungsbrett schrauben.

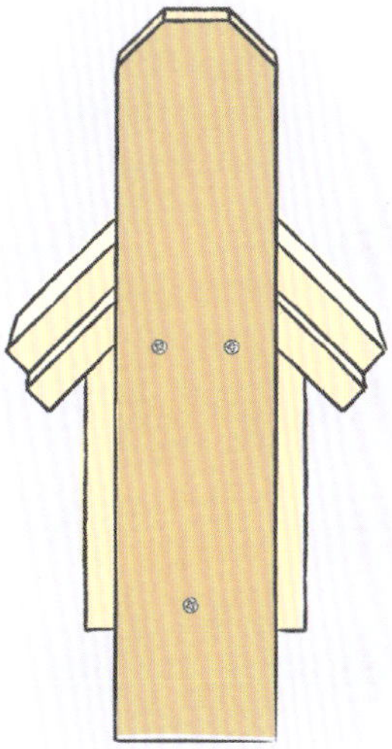

6 Die Außenseite des Nistkastens (bis auf das Kreuz) und das Befestigungsbrett mit roter Farbe einsprühen. Wenn die Farbe trocken ist, hier und da etwas grüne Farbe auftupfen, um eine verwitterte, rustikale Optik zu erzielen. Die Giebelkanten, das Giebeldreieck, das Kreuz, die Vorderseite der Sitzstange und die Griffleiste an der Öffnungsklappe weiß anmalen. Den Nistkasten lackieren (siehe Seite 132), dann etwas Moos mit wasserfestem Leim an die Front kleben.

Dieser Nistkasten bekommt seine verwitterte Optik durch die gleiche Technik, mit der auch Möbel restauriert werden. Die linke Seite des Häuschens lässt sich anheben, um ein altes Nest zu entfernen. Belüftungslöcher an einer Seite sorgen dafür, dass die Bewohner bei warmem Wetter einen kühlen Kopf bewahren. Mithilfe eines Befestigungsbretts lässt sich der Nistkasten an einem Pfosten oder einem Baum anbringen.

Geheimversteck

Material und Werkzeug

- 2 Zaunbretter, 180 cm x 19 cm x 13 mm
- 1 Stück Zaunbrett, 60 cm x 14 cm x 13 mm, als Befestigungsbrett
- Holzleim, wasserfest
- Nägel, rostfrei, 25 mm lang
- 10 Senkkopfschrauben, rostfrei, 30 mm lang, für Öffnungsklappe und Rückwand
- 4,5 cm Rundholzstab, Ø 8 mm, für die Sitzstange
- 28 cm Vierkantholzleiste, 25 mm x 25 mm, für den Dachfirst
- 3 Senkkopfschrauben, rostfrei, 60 mm lang, für das Befestigungsbrett
- Holzkitt, überstreichbar
- Sandpapier, 80er-Körnung
- Sprühfarbe auf Ölbasis, witterungsbeständig, in Hellgelb
- Grundierungsfarbe auf Ölbasis, witterungsbeständig, in Braun und Grau
- Bastelfarbe, witterungsbeständig, in Dunkelbraun
- Klarlack auf Wasserbasis, witterungsbeständig
- Moos und Treibholzstücke (optional)
- Grundausstattung an Werkzeug (siehe Seite 132)

Größe
ca. 40,5 cm x 23 cm x 19 cm

Innenmaße
Bodenfläche: 15 cm x 19 cm
Raumhöhe: 39 cm
Höhe vom Boden bis zum Einflugloch: 33 cm
Einflugloch: Ø 50 mm

Holzzuschnitt
Front und Rückwand: 40 cm x 19 cm (2 x)
Seitenwände: 36 cm x 19 cm (2 x; 1 Seitenwand wird zur Öffnungsklappe)
Dach: 26,5 cm x 19 cm (2 x)
Boden: 16 cm x 18 cm (1 x)

1 Die oberen Schmalseiten der Front und der Rückwand von der Mitte aus im 22,5°-Winkel zu einer Spitze sägen. Die Oberkante der Seitenwände im 22,5°-Winkel abschrägen. Ein 5 cm großes Einflugloch 34 cm von der Unterkante entfernt mittig in das Frontteil bohren oder sägen. Mit einem 8-mm-Holzbohrer ein Ablaufloch in die Mitte des Bodenteils bohren.

2 Die Wände und Boden des Nistkastens zusammenbauen, wie beim Grundmodell beschrieben (Seite 9, Schritt 2–4). Ein Loch für die Sitzstange bohren und ein 4,5 cm langes Stück Rundholzstab einsetzen (siehe Seite 10, Schritt 9). Mit einem 8-mm-Holzbohrer 3 Belüftungslöcher schräg aufwärts in die Seitenwand gegenüber der Öffnungsklappe bohren.

3 Mit 60 mm langen Schrauben den Nistkasten 11,5 cm von der oberen Brettkante entfernt an das Befestigungsbrett schrauben. Dann das Dach montieren, wie beim einfachen Dach auf Seite 11 beschrieben.

4 Alle Spalten und Löcher mit überstreichbarem Holzkitt ausfüllen und glattschmirgeln. Das Einflugloch mit zusammengeknülltem Papier ausstopfen oder mit Klebeband abkleben, um das Innere des Kastens zu schützen.

5 Die Wände des Nistkastens mit brauner, das Dach mit grauer Farbe grundieren. Die Wände mit hellgelber Farbe einsprühen, dann mit trockenem Pinsel dunkelbraune, witterungsbeständige Farbe auf das Dach tupfen, sodass etwas von der grauen Grundierung durchschimmert und ein verwitterter Effekt entsteht.

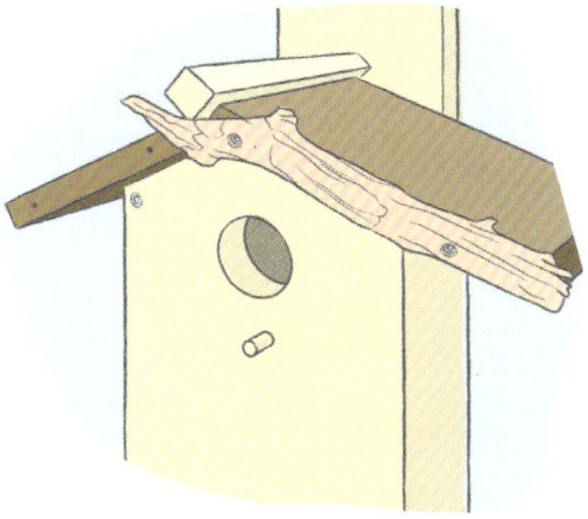

6 Nach Belieben einige Treibholzstücke mit kleinen Schrauben an den Giebelseiten des Daches und an der Unterkante der Front befestigen.

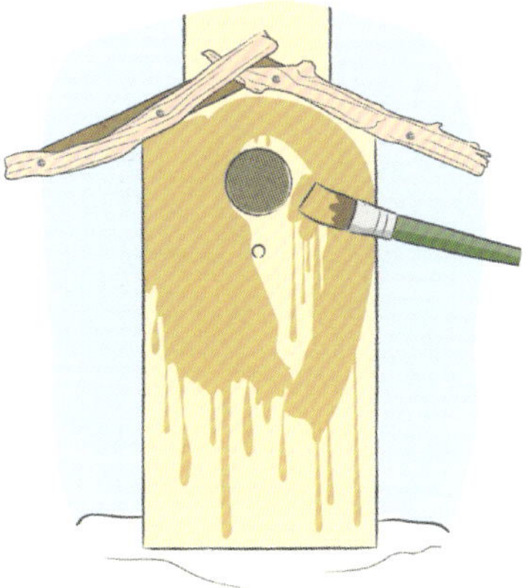

7 Braune, witterungsbeständige Bastelfarbe im Verhältnis 1:3 mit Wasser verdünnen. Mit dieser wässrigen Mischung Front und Seitenwände des Nistkastens anstreichen und die Farbe am Holz herablaufen lassen. Nach Belieben die Farbe mit einem kleinen Lappen verziehen oder auftupfen. Die Farbe trocknen lassen.

8 Den Nistkasten lackieren (siehe Seite 132) und trocknen lassen. Ein Treibholzstück als Griff an die Öffnungsklappe schrauben, dazu die Schraube von innen durch das Holz drehen. Mit wasserfestem Leim etwas Moos an den Treibholzstücken befestigen.

Die Inspiration für diesen Nistkasten mit seinem Mantel aus grünem Moos und den Deko-Elementen aus Baumrinde und Treibholz lieferte Mutter Natur höchstpersönlich. Stellen Sie ihn auf einen Tisch in einer ruhigen Ecke der Terrasse oder auf ein Wandbord unter einem Freisitz oder schrauben Sie eine Rohrschelle als Aufhänger ans Dach (siehe Seite 138).

Mooshütte

Material und Werkzeug

- 1 Zaunbrett, 180 cm x 14 cm x 13 mm
- Holzleim, wasserfest
- Nägel, rostfrei, 25 mm lang
- Senkkopfschrauben, rostfrei, 30 mm lang
- Holzkitt, überstreichbar
- Sandpapier, 80er-Körnung
- Sprühfarbe auf Ölbasis, witterungsbeständig, in Grün
- Moosmatte, am besten selbstklebend (aus dem Bastelgeschäft)
- Islandmoos (aus dem Bastelgeschäft)
- Treibholzstücke und kleine Rindenstücke
- Tacker und Tackerklammern
- Grundausstattung an Werkzeug (siehe Seite 132)

Größe

ca. 28 cm x 16 cm x 14 cm

Innenmaße

Bodenfläche: 11 cm x 14 cm
Raumhöhe: 23 cm
Höhe vom Boden bis zum Einflugloch: 15 cm
Einflugloch: Ø 40 mm

Holzzuschnitt

Front und Rückwand: 23,5 cm x 14 cm (2 x)
Seitenwände: 16 cm x 14 cm (2 x; 1 Seitenwand wird zur Öffnungsklappe)
Unterer Teil des Daches: 13 cm x 14 cm (2 x)
Oberer Teil des Daches: 14,5 cm x 14 cm (2 x)
Boden: 11 cm x 14 cm (1 x)

1 Die Teile für den Nistkasten aus dem Zaunbrett zuschneiden und in Form sägen, wie beim Grundmodell auf Seite 8 beschrieben. Ein 40 mm großes Einflugloch 16,5 cm von der Unterkante entfernt mittig in das Frontteil bohren oder sägen.

2 Den Nistkasten zusammenbauen, wie beim Grundmodell beschrieben (Seite 9/10, Schritt 2–8) und für den Anstrich vorbereiten (siehe Seite 10, Schritt 10). Das gesamte Häuschen außen mit grüner Farbe einsprühen und trocknen lassen. Dann die Farbe leicht anschleifen.

3 Die Moosmatte entsprechend den Nistkastenwänden zuschneiden und eine Wand nach der anderen damit bekleben. Achtung! Die Wände rechts und links von der Öffnungsklappe separat bekleben, damit sich die Klappe noch öffnen lässt. Mit einem Bastelmesser die Moosmatte über dem Einflugloch kreuzweise einschneiden und das Moos mit den Fingern durch das Loch ins Innere des Kastens schieben. Eventuelle Lücken mit Islandmoos ausfüllen, dann die Moosmatte entlang der Kanten des Nistkastens antackern, um sie sicher zu befestigen.

4 Für die Treibholzstücke Löcher vorbohren, dann die Stücke auf das Dach schrauben. Ein Stück Treibholz als Griff an die Öffnungsklappe schrauben. Das Dach großzügig mit Leim einstreichen und mit Islandmoos und kleinen Rindenstücken bekleben, dabei das Moos fest andrücken, damit es haften bleibt.

Haussperling
(Passer domesticus)

Einfache Nistkästen lassen sich miteinander zu einer Reihenhaussiedlung für Vögel verbinden. Ich habe drei verschiedene Blautöne für mein Trio verwendet, aber Sie können auch jeden Nistkasten in einer völlig anderen Farbe streichen, wenn Sie möchten. Verziert habe ich die Häuschen mit Treibholzstücken, weil ich solche Fundstücke als Deko-Elemente sehr mag und finde, dass sie den Nistkästen eine hübsche, rustikale Anmutung verleihen. Womit und wie üppig Sie jedoch ihre Häuser dekorieren, liegt ganz bei Ihnen.

Reihenhaus

Material und Werkzeug
- 1 Zaunbrett, 180 cm x 19 cm x 13 mm
- 2 Zaunbretter, 180 cm x 14 cm x 13 mm
- Holzleim, wasserfest
- Nägel, rostfrei, 25 mm lang
- 10 Senkkopfschrauben, rostfrei, 30 mm lang
- 3 Stücke Rundholzstab, Ø 8 mm, je 4,5 cm lang, für die Sitzstangen
- Treibholzstücke
- Holzkitt, überstreichbar
- Sandpapier, 80er-Körnung
- Sprühfarbe auf Ölbasis, witterungsbeständig, in 3 Blautönen (oder in den gewünschten Farben)
- Bastelfarben, witterungsbeständig, in Dunkelbraun und Dunkelgrün
- Klarlack auf Wasserbasis für den Außenbereich
- Grundausstattung an Werkzeug (siehe Seite 132)

Größe
ca. 21,5 cm x 49,5 cm x 14 cm

Innenmaße
Bodenfläche: 11 cm x 14 cm
Raumhöhe: 20 cm
Höhe vom Boden bis zum Einflugloch: 15 cm
Einflugloch: Ø 40 mm

Holzzuschnitt
Front (Öffnungsklappe): 20 cm x 14 cm (1 x für jeden Kasten)
Rückwand: 21,5 cm x 14 cm (1 x für jeden Kasten)
Seitenwände: 22,5 cm x 14 cm (2 x für jeden Kasten)
Boden: 11 cm x 14 cm (1 x für jeden Kasten)
Dach (seitliche Kästen): 16,5 cm x 19 cm (2 x)
Dach (mittlerer Kasten): 23 cm x 19 cm (1 x)

1 Die Teile für die Nistkästen aus den Zaunbrettern zuschneiden und in Form sägen, wie beim Grundmodell auf Seite 8 beschrieben. Die Oberkanten der Seitenwände im 15°-Winkel von hinten nach vorne abschrägen. Die Oberkanten von Front und Rückwand im 15°-Winkel auf Gehrung sägen. Ein 40 mm großes Einflugloch 4 cm von der Oberkante entfernt mittig in jedes Frontteil bohren oder sägen.

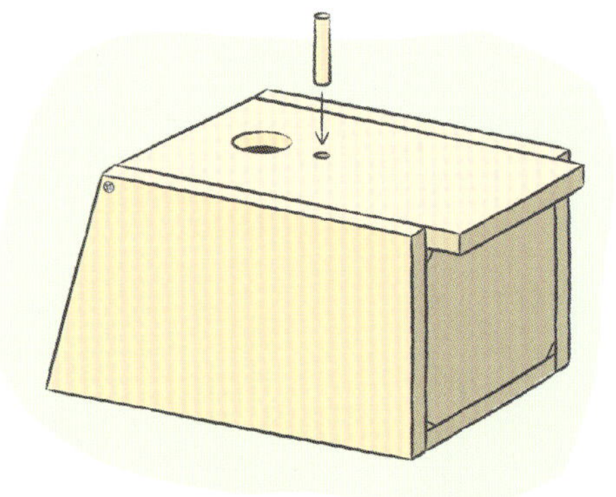

2 Wände und Boden der 3 Nistkästen zusammenbauen, wie beim Grundmodell beschrieben (Seite 9/10, Schritt 2–4): Die höchste Seite der Seitenteile ist bündig mit der Rückwand, die Unterkante der Front (= Öffnungsklappe) steht 2,5 cm weit über. Bei jedem Frontteil 2,5 cm unterhalb des Einflugloches ein Loch für die Sitzstange bohren und ein Stück Rundholzstab einsetzen (siehe Seite 10, Schritt 9). Die Fronten aus allen 3 Nistkästen noch einmal entfernen, weil sich dann die Kästen leichter miteinander verbinden lassen.

3 Bei dem vorgesehenen mittleren Kasten der Dreiergruppe mit einem Geodreieck eine gerade, vertikale Linie in die Mitte jeder Seitenwand zeichnen. 9 cm oberhalb des Bodens eine horizontale Linie von der vertikalen Mittellinie zur Vorderkante zeichnen. An dieser Stelle werden die beiden seitlichen Kästen angesetzt. Mit einem 3-mm-Holzbohrer zwei Löcher von innen nach außen durch die Seitenwände der äußeren Kästen und des mittleren Kastens vorbohren (siehe Seite 136) und die Kästen mit 30 mm langen Schrauben verbinden.

4 Die Dächer der beiden äußeren Kästen so aufleimen und annageln, dass sie mit der inneren Seitenkante an den mittleren Kasten anstoßen und an allen drei anderen Seiten überstehen. Das Dach für den mittleren Kasten so aufleimen und annageln, dass es an allen vier Seiten gleich weit übersteht. Die Fronten (= Öffnungsklappen) wieder einsetzen.

5 Das Nistkasten-Trio für den Anstrich vorbereiten (siehe Seite 10, Schritt 10). Die Außenwände jedes Nistkastens in einem anderen Blauton (oder einer Farbe nach eigener Wahl) einsprühen. Dächer und Dachkanten dunkelbraun streichen.

6 Solange die braune Farbe noch feucht ist, Streifen in Dunkelgrün von hinten nach vorne aufmalen, die den Eindruck von Moosbewuchs erwecken sollen. Falls nötig, überschüssige Farbe abwischen, dabei unbedingt in der Richtung der Pinselstriche wischen. Die Farbe trocknen lassen, dann die Nistkästen von außen lackieren (siehe Seite 132).

7 Die fertige Dreiergruppe mit der Front nach oben auf die Arbeitsfläche legen. Treibholzstücke auf den Fronten anordnen und dabei darauf achten, dass die Klappen sich noch öffnen lassen. Eine Front nach der anderen abnehmen. Von der Rückseite her Löcher vorbohren (siehe Seite 136) und die Treibholzstücke anschrauben. Die Fronten wieder einsetzen.

8 Das Nistkasten-Trio an einer geraden, festen Wand, beispielsweise unter einem Freisitz, anbringen. Sie können Ihr Reihenhaus aber auch auf einem Pfosten montieren (siehe Seite 137). Katzen und andere Raubtiere, die Jungvögeln nachstellen, lassen sich am besten abhalten, indem man Nistkästen auf Pfosten aus rostfreiem Stahl anbringt. Solche Pfosten finden Sie beim Material für Zäune im Baumarkt.

2. Kapitel

Moderne **Nistkästen**

Manche Menschen lieben Vogelhäuser mit einer rustikalen Note, andere hingegen bevorzugen gerade Linien, kräftige Farben und außergewöhnliche Formen. Hier finden Sie stilvolle und witzige Ideen vom farbenfrohen, zweistöckigen Mehrfamilienhaus und einem Designerhaus mit Mosaikdekor bis zum Nistkasten im Stil eines modernen Lofts mit schlichten Linien und außergewöhnlichen Verzierungen.

Glasmosaiksteine und ein metallgedecktes Dach machen diesen Nistkasten zu einem echten Schmuckstück, das nicht nur in Gärten nahe dem Meer passt. Das Häuschen lässt sich mithilfe des Befestigungsbretts leicht an einem Baum, einem hohen Zaun oder der Seitenwand eines Holzhauses anbringen.

Mosaikzauber

Junko (Junco hyemalis)

Material und Werkzeug

- 1 Zaunbrett, 180 cm x 14 cm x 13 mm
- Holzbrett, 180 cm x 10 cm x 2,5 cm
- Holzleim, wasserfest
- Nägel, rostfrei, 25 mm lang
- 12 Holzschrauben, 20 mm lang
- Sandpapier, 80er-Körnung
- Grundierungsfarbe auf Ölbasis in Weiß
- Bastelfarbe, witterungsbeständig, in Hellblau
- 2 Mosaikplatten aus quadratischen Glassteinchen auf Netzgrund, 30 cm x 30 cm
- Silikonkleber, wasserfest
- Fugenmasse, grau
- 6 Senkkopfschrauben, rostfrei, 30 mm lang
- 2 Senkkopfschrauben, rostfrei, 50 mm lang, für das Befestigungsbrett
- Stahl-Kehlblech für das Dach, 20 cm x 20 cm (aus dem Baumarkt)
- 4,5 cm Rundholzstab, Ø 6 mm, für die Sitzstange
- Möbelknauf aus dunkelblauem Glas, Ø ca. 4 cm
- Kolibri-Anhänger, ca. 6 cm x. 4,5 cm (optional)
- Draht zum Anbringen des Kolibris (optional)
- Grundausstattung an Werkzeug (siehe Seite 132)

Größe
ca. 40 cm x 20 cm x 23 cm

Innenmaße
Bodenfläche: 11 cm x 14 cm
Raumhöhe: 25 cm
Höhe vom Boden bis zum Einflugloch: 20 cm
Einflugloch: Ø 40 mm

Holzzuschnitt
Front und Rückwand: 30 cm x 14 cm (2 x)
Seitenwände: 23 cm x 14 cm (2 x; 1 Seitenwand wird zur Öffnungsklappe)
Boden: 11 cm x 14 cm (1 x)
Dach: 20 cm x 14 cm (2 x)

1 Die Teile für den Nistkasten aus dem Zaunbrett zuschneiden und in Form sägen, wie beim Grundmodell auf Seite 8 beschrieben. Die Oberkanten von Front und Rückwand zu einer Spitze im 45°-Winkel sägen. Die Oberkanten der Seitenwände im 45°-Winkel auf Gehrung schneiden. Die Dachteile nicht abschrägen. Die Ecken des Bodenteils jeweils 6 mm von der Ecke entfernt diagonal absägen. Ein 40 mm großes Einflugloch 21,5 cm von der Unterkante entfernt mittig in das Frontteil bohren oder sägen.

2 Den Nistkasten zusammenbauen, wie beim Grundmodell beschrieben (Seite 9/10, Schritt 2–4). Die beiden Teile für das Dach stumpf aneinanderleimen und zusammennageln, dann das fertige Dach bündig mit der Rückwand auf das Häuschen leimen und nageln. Es steht an der Front etwas über und schützt so das Einflugloch vor dem Regen.

3 Den Nistkasten für den Anstrich vorbereiten (siehe Seite 10, Schritt 10) und dann weiß grundieren.

4 Von dem 2,5 cm starken Brett ein 40 cm x 10 cm großes Stück als Befestigungsbrett absägen und die Ecken 3 cm von der Kante entfernt im 45°-Winkel absägen. Mit einem 3-mm-Holzbohrer 2 Löcher mit 2,5 cm Abstand von den Seitenkanten und 2 cm Abstand von der Oberkante vorbohren. 2 rostfreie Schrauben (50 mm lang) eindrehen, mit denen das Befestigungsbrett an einen Pfosten oder einen Baum montiert werden kann, wenn der Nistkasten fertig ist.

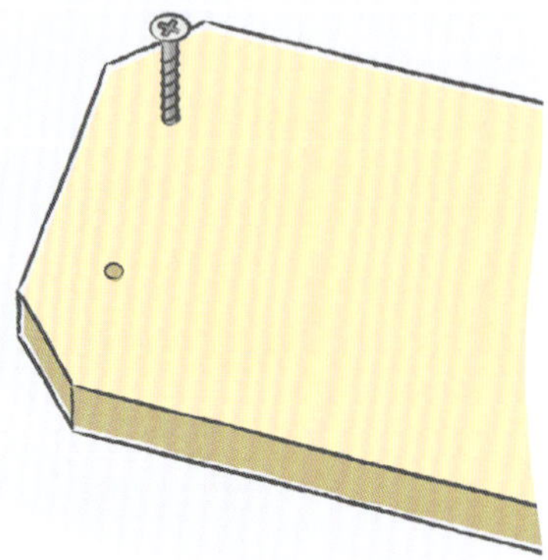

5 Vorder- und Rückseite des Befestigungsbretts mit hellblauer Farbe einsprühen. Mit einem 3-mm-Holzbohrer 4 Löcher vorbohren und 4 Schrauben (30 mm lang) eindrehen, mit denen das Brett an die Mitte der Nistkastenrückwand geschraubt werden kann.

6 Eine Mosaikplatte auf die Front des Häuschens legen und mit einem Bastelmesser durch das Netz auf der Rückseite der Steinchen auf die richtige Größe zuschneiden. Alle Mosaiksteine entfernen, die an der Unterkante überstehen, und alle weggeschnittenen Steinchen für später aufheben. Rund um das Einflugloch ein Quadrat ausschneiden und alle Steinchen entfernen, die über der Schraube liegen, mit der die Öffnungsklappe an der Front befestigt ist.

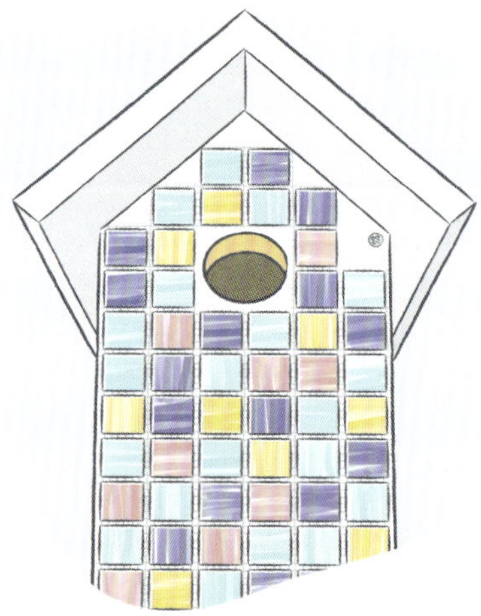

7 Mit einem Bleistift auf der Rückseite der Mosaikplatte die Konturen der Nistkastenfront anzeichnen und die Platte abnehmen. Wasserfesten Silikonkleber innerhalb der Bleistiftkontur auftragen und die Mosaikplatte aufkleben. Eventuelle Lücken mit den bei Schritt 6 zurückbehaltenen Mosaiksteinchen füllen. Der Silikonkleber bindet schnell ab, aber Sie haben dennoch genügend Zeit, die Steinchen einzufügen und zu verschieben, bis alles passt.

8 Die Seitenwände des Häuschens genauso verkleiden, dabei darauf achten, dass sich die Öffnungsklappe problemlos öffnen und schließen lässt, wenn das Mosaik aufgeklebt ist. An der für den Türknopf vorgesehenen Stelle die Steinchen entfernen. Ein 5 mm großes Loch in die Öffnungsklappe bohren und den Möbelknauf als Türknopf anbringen. Eventuelle Lücken im Mosaik mit Reststeinchen von Schritt 6 füllen.

9 Die Giebelseite des Daches ebenfalls mit Mosaiksteinchen bekleben. Keine Sorge: Eventuelle Lücken werden später mit Fugenmasse ausgefüllt.

10 Schutzhandschuhe anziehen. Auf der Blechplatte für das Dach die Mittellinie markieren und auf der Tischkante platzieren. An dieser Kante das Blech nach unten biegen. Das Blech mit dem Falz auf dem Dachfirst anlegen und zu beiden Seiten herunterdrücken, sodass es auf dem Dach aufliegt.

11 Mit einem 1,5-mm-Bohrer winzige Markierungen 6 mm von Rand entfernt und mit 10 cm Abstand voneinander auf dem Blech ankörnen. Mit einem 3-mm-Bohrer an den markierten Stellen Löcher vorbohren und das Blech mit 20 mm langen Holzschrauben auf dem Dach befestigen. Auf dieselbe Weise das Blech unterhalb des Dachfirsts anschrauben, dabei die Schrauben im Abstand von 3 cm zum Falz anbringen. Auf der anderen Seite des Daches ebenso verfahren. Mit einer Flachzange den Falz des Blechs zusammendrücken, damit das Blech dicht auf den Dachbrettern aufliegt.

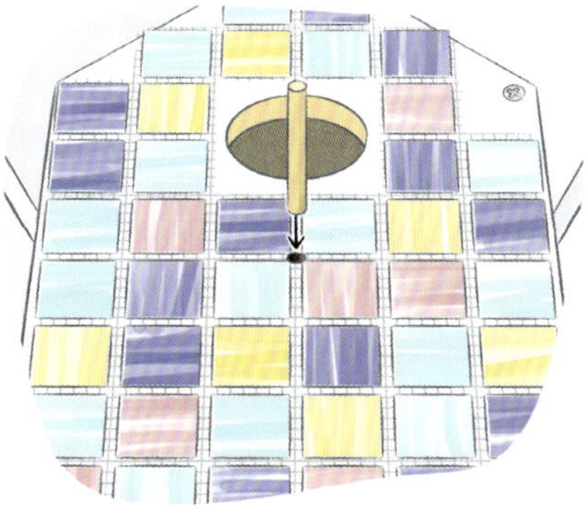

12 Mit einem 6-mm-Bohrer am Kreuzungspunkt zwischen 4 Mosaiksteinchen ca. 2,5 cm unterhalb des Einfluglochs ein Loch für die Sitzstange bohren und das 4,5 cm lange Stück Rundholzstab einsetzen.

13 Die Fugenmasse gemäß Herstellerangabe anmischen und mit einem Metall- oder Gummispachtel über den Mosaiksteinchen auf der Front verteilen, dabei die Masse in die Lücken und in die freien Stellen rund um das Einflugloch drücken. Die Seitenwände und die Giebelkanten genauso verfugen. Die Masse einige Minuten anziehen lassen (siehe Gebrauchsanweisung zu Ihrem Produkt) und dann mit einem feuchten Schwamm darüberwischen, um die Masse zu glätten. Wenn die Fugenmasse fest ist (ca. nach 15 Minuten; siehe Herstellerangaben) den Grauschleier auf der Oberfläche des Mosaiks mit dem feuchten Schwamm entfernen.

14 Falls Sie einen Kolibri-Anhänger anbringen möchten, an der gewünschten Stelle am Kreuzungspunkt zwischen 4 Mosaiksteinchen ein Loch mit einem 3-mm-Bohrer bohren. Ein Stück Draht durch die Schlinge auf der Rückseite des Anhängers führen und die Drahtenden miteinander verdrillen. Mit einem Zahnstocher etwas Silikonkleber in das Bohrloch tupfen und die verdrillten Drahtenden in den Kleber stecken. Achtung! Der Draht darf auf keinen Fall ins Innere des Nistkastens reichen!

15 Die Unterseite des Nistkastens mit hellblauer, witterungsbeständiger Bastelfarbe streichen. Dieselbe Farbe überall dort auftragen, wo die Grundierung zu sehen ist. Der Nistkasten muss nicht lackiert werden, denn die Fugenmasse dichtet ihn ausreichend ab.

Schauen Sie sich in Ihrem Haus um, dann finden Sie sicher allerlei Objekte, die sich für draußen eignen. Bei diesem höchst zweckmäßig aussehenden „Geräteschuppen“ entsteht durch die Kombination aus graublauer Grundierung und elfenbeinfarbenem Anstrich ein metallischer Effekt. Die offen sichtbaren Schrauben und die Drahtspirale, die an eine Sprungfeder erinnert, verstärken die technisch-industrielle Optik.

Geräteschuppen

Material und Werkzeug

- 1 Zaunbrett, 180 cm x 14 cm x 13 mm
- 1 Zaunbrett, 180 cm x 19 cm x 13 mm für das Dach
- Holzleim, wasserfest
- Nägel, rostfrei, 25 mm lang
- 2 Senkkopfschrauben, rostfrei, 50 mm lang
- 6 Senkkopfschrauben, rostfrei, 30 mm lang
- 3 Stücke Rundholzstab, Ø 8 mm, für die Sitzstangen, 1 x 4,5 cm und 2 x 2,5 cm lang
- Holzkitt, überstreichbar
- Sandpapier, 80er-Körnung
- Grundierungssprühfarbe auf Ölbasis, witterungsbeständig, in Grau
- Sprühfarbe auf Ölbasis, witterungsbeständig, in Elfenbein
- Bastelfarbe, witterungsbeständig, in Braun und Dunkelgrün
- 1 kugelförmiger Möbelknopf, Ø ca. 2,5 cm
- 1 Holzbrett, 48 cm x 7,5 cm x 2,5 cm, als Befestigungsbrett
- Draht, Sechskantschrauben und Beilagscheiben zum Dekorieren
- Klarlack auf Wasserbasis, witterungsbeständig
- Grundausstattung an Werkzeug (siehe Seite 132)

Größe

ca. 38 cm x 14 cm x 18 cm

Innenmaße

Bodenfläche: 11 cm x 14 cm
Raumhöhe: 28 cm
Höhe vom Boden bis zum Einflugloch: 24 cm
Einflugloch: Ø 32 mm

Holzzuschnitt

Front und Rückwand: 36,5 cm x 14 cm (2 x)
1. Seitenwand: 24 cm x 14 cm (1x; diese Wand wird zur Öffnungsklappe)
2. Seitenwand: 35,5 cm x 14 cm (1 x)
Dach: 30 cm x 14 cm (1 x)
Boden: 11 cm x 14 cm (1 x)
Befestigungsbrett: 48 cm x 7,5 cm (1 x)

1 Die Teile für den Nistkasten aus dem Zaunbrett zuschneiden und in Form sägen, wie beim Grundmodell auf Seite 8 beschrieben. Eine Linie im 45°-Winkel von der rechten oberen Ecke der beiden Teile für Front und Rückwand zur linken Kante auf das Holz zeichnen und die beiden Bretter schräg absägen, sodass die linke Seite 23 cm hoch ist. Die Oberkanten beider Seitenwände im 45°-Winkel abschrägen.

2 Wände und Boden zusammenbauen, wie beim Grundmodell beschrieben (Seite 9/10, Schritt 2–4).

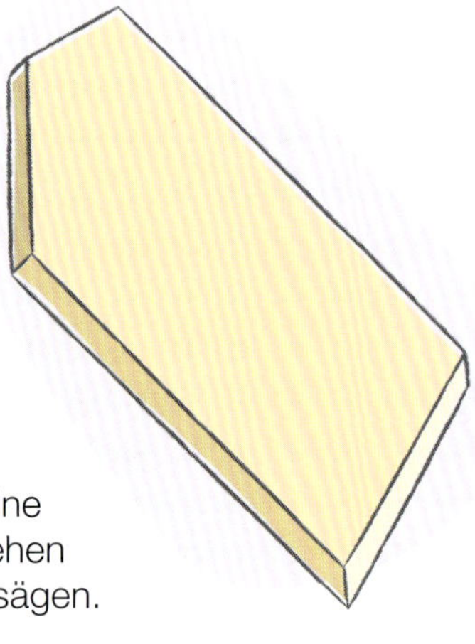

3 Eine Schmalseite des Bretts für das Dach im 45°-Winkel abschrägen. Am anderen Ende des Dachteils mit einem Bleistift an der linken Kante einen Punkt 7,5 cm unterhalb der Oberkante markieren. Von dort aus eine Linie im 45°-Winkel zur Oberkante ziehen und das Brett entlang dieser Linie absägen.

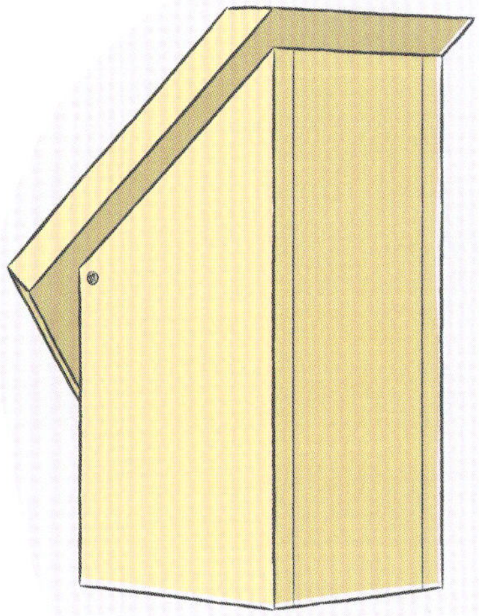

4 Das Dach mit der abgeschrägten Kante nach oben aufleimen und annageln, sodass es mit der Rückwand bündig abschließt und an der höheren Seite 2,5 cm weit übersteht. An der niedrigeren Seite steht es dadurch 7,5 cm weit, an der Front 1 cm weit über.

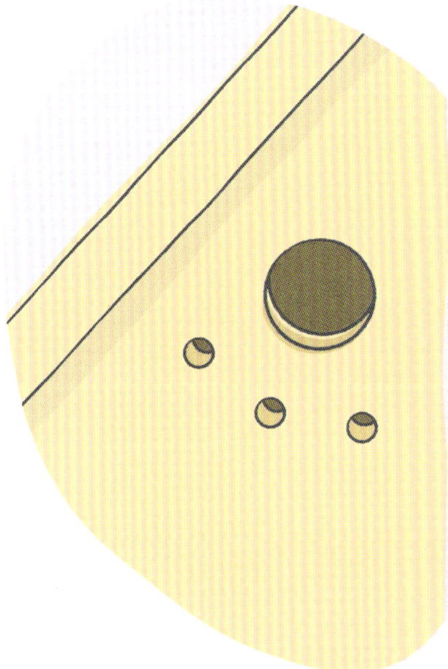

5 In das Frontteil ein 32 mm großes Einflugloch ca. 2,5 cm von der Seitenwand und 4 cm vom Dach entfernt bohren oder sägen. Mit einem 8-mm-Holzbohrer 3 Löcher für die Sitzstangen unterhalb des Einfluglochs bohren. Die Rundholzstäbe vorsichtig einsetzen (siehe Seite 10, Schritt 9), dabei die längste Stange ins rechte Loch einschlagen.

6 Mit einem 8-mm-Holzbohrer Belüftungslöcher in die höhere Seitenwand 4 cm unterhalb des Daches bohren, dabei den Bohrer schräg nach oben führen, damit kein Wasser in den Nistkasten eindringen kann.

7 Eine Schmalseite des Befestigungsbretts im 45°-Winkel absägen. Am oberen Ende 2 Löcher für die 50 mm langen Schrauben bohren. Das Befestigungsbrett mittig an die Rückwand des Nistkastens schrauben, sodass das gerade Ende bündig mit der Unterseite des Häuschens abschließt.

8 Aus einem Holzrest ein 6 cm x 14 cm großes Rechteck für eine imitierte „Tür" aussägen. Dieses Stück auf die Front des Nistkastens leimen und nageln.

9 Von der Rückseite der Öffnungsklappe her ein Loch für den Türknopf bohren und en Türknopf mit einer 30 mm langen Schraube befestigen.

10 Den Nistkasten graublau grundieren und trocknen lassen. Die Front mit elfenbeinfarbener Farbe überstreichen. Solange die Farbe feucht ist, einen Spachtel von oben nach unten darüberziehen, um eine Optik zu erzielen, die an Holzmaserung erinnert. Die Seitenwände genauso gestalten; dabei jede Wand trocknen lassen, bevor die nächste in Angriff genommen wird.

11 Dunkelbraune Bastelfarbe im Verhältnis 1:3 mit Wasser verdünnen und auf Dach und Dachkanten auftragen. Solange die braune Farbe noch leicht feucht ist, grüne Farbe im Verhältnis 1:3 mit Wasser verdünnen, in eine kleine Plastikflasche füllen und leicht über das Dach tröpfeln, sodass eine verwitterte, bemooste Optik entsteht, dabei überschüssige Farbe mit einem Lappen abtupfen, wenn nötig. Diesen Arbeitsschritt beim Türknauf und der „Fronttür“ wiederholen. Die Sitzstangen mit verdünnter brauner Farbe anmalen. Die Farbe trocknen lassen.

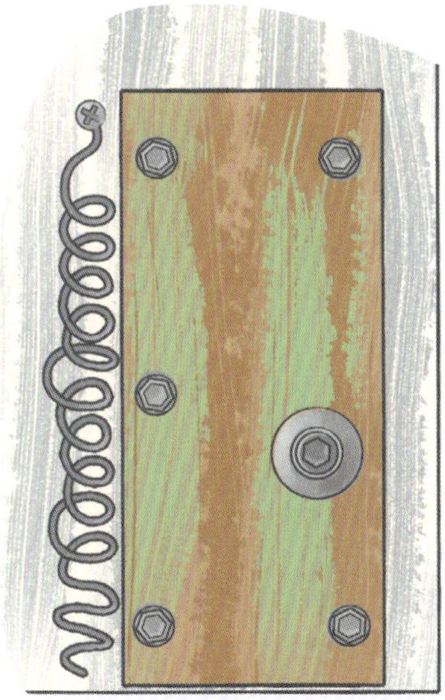

12 Die „Fronttür“ mit einer Beilagscheibe für den Türknopf, Sechskantschrauben und einer Drahtspirale dekorieren.

Sumpf- oder Nonnenmeise
(Poecile palustris)

13 Mithilfe eines Geodreiecks die Stellen für 2 Löcher im Befestigungsbrett mit 4 cm Abstand von den Seiten und 4 cm Abstand von der schrägen Oberkante vorzeichnen und vorbohren: Durch diese Löcher kann der Nistkasten mit 50 mm langen, rostfreien Schrauben an einem Baum oder Zaun angeschraubt werden (siehe Seite 136). Den Nistkasten mit 30 mm langen Schrauben am Befestigungsbrett anbringen.

14 Den Nistkasten von außen und das Befestigungsbrett mit Klarlack lackieren (siehe Seite 132).

Dieser Nistkasten in leuchtendem Rot und mit runden Glassteinchen als „Fenster“ erinnert an ein Loft auf den Hügeln Hollywoods. Die Vögel werden in Scharen kommen, um hier wohnen zu können! Der seitliche Anbau lässt sich anheben, wenn der Nistkasten gereinigt werden soll.

Designervilla

Material und Werkzeug
- 2 Zaunbretter, 180 cm x 14 cm x 13 mm
- Holzleim, wasserfest
- Nägel, rostfrei, 25 mm lang
- 4 Senkkopfschrauben, rostfrei, 60 mm lang, zum Anschrauben des Pfostenträgers
- 5 Senkkopfschrauben, rostfrei, 30 mm lang
- 3 Stücke Rundholzstab, Ø 8 mm, 2 x 2,5 cm und 1 x 4,5 cm lang, für die Sitzstangen
- Sandpapier, 80er-Körnung
- Holzkitt, überstreichbar
- Bastelfarbe, witterungsbeständig, in Dunkelbraun und 3 Grüntönen
- Sprühfarbe auf Ölbasis, witterungsbeständig, in Rot
- Silikonkleber, transparent
- 3 runde Glasperlen mit flacher Rückseite und vertikaler Bohrung, Ø 2,5 cm
- Bindedraht, grün
- Klarlack auf Wasserbasis, witterungsbeständig
- Grundausstattung an Werkzeug (siehe Seite 132)

Größe
ca. 48 cm x 30 cm x 21,5 cm

Innenmaße
Bodenfläche: 10,5 cm x 14 cm
Raumhöhe: 25 cm
Höhe vom Boden bis zum Einflugloch: 20 cm
Einflugloch: Ø 40 mm

Holzzuschnitt
HAUPTHAUS
Front und Rückwand: 30 cm x 14 cm (2 Frontteile und 1 Rückwand zusägen)
1. Seitenwand: 21,5 cm x 14 cm (1 x)
2. Seitenwand: 27 cm x 14 cm (1 x; diese Seitenwand wird zur Öffnungsklappe)
1. unterer Teil des Daches: 15 cm x 14 cm (1 x)
2. unterer Teil des Daches: 9,5 cm x 14 cm (1 x)
1. oberer Teil des Daches: 15,5 cm x 14 cm (1 x)
2. oberer Teil des Daches: 9,5 cm x 14 cm (1 x)
Boden: 11 cm x 14 cm (1 x)

ANBAU
Dach: 19 cm x 14 cm (1 x vom Ende des Zaunbretts mit abgeschrägten Ecken absägen oder die Ecken schräg absägen)
Boden: 6 cm x 6 cm
Seitenwand: 10 cm x 14 cm

VORDERE FASSADE
Fassade: 30 cm x 14 cm (1 x)
Linkes Dachteil: 5 cm x 4 cm (1 x)
Rechtes Dachteil: 14 cm x 4 cm (1 x)

1 Die Teile für das Haupthaus aus einem Zaunbrett zusägen, wie beim Grundmodell auf Seite 8 beschrieben. An der Oberkante der Teile für Front und Rückwand einen Punkt 5 cm von der linken Seite entfernt markieren. Von diesem Punkt aus 2 Linien im 45°-Winkel zu den Seitenkanten aufzeichnen und die Bretter entlang der Linien absägen, sodass asymmetrische Dachschrägen entstehen. Ein 40 mm großes Einflugloch 21,5 cm über der Unterkante und 2 cm von der linken Seitenkante entfernt in ein Frontteil bohren oder sägen. (Das 2. Frontteil wird später für die untere Fassade verwendet.)

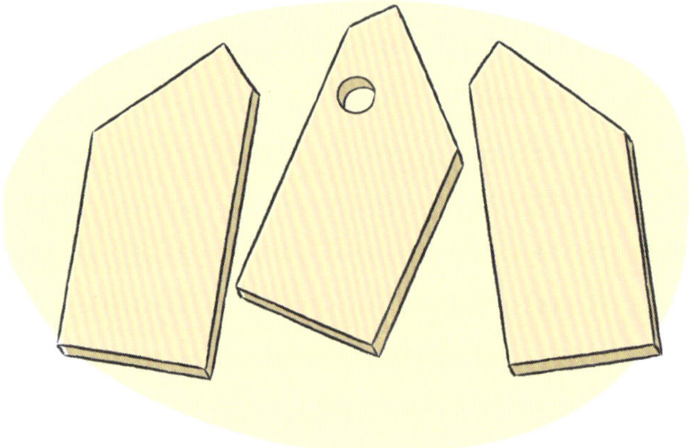

2 Seitenwände, Dachteile und Boden des Haupthauses in Form sägen, wie beim Grundmodell auf Seite 8 beschrieben.

3 Das Haupthaus zusammenbauen, wie beim Grundmodell beschrieben (Seite 9/10, Schritt 1–9). (Denken Sie daran, das Teil für die Rückwand umzudrehen, damit das asymmetrische Dach mit der Front übereinstimmt.) Mit einem 8-mm-Holzbohrer 2,5 cm unterhalb des Einflugloches ein Loch für die Sitzstange in die Front bohren und den 4,5 cm langen Rundholzstab einsetzen.

4 Die Seitenwand für die Öffnungsklappe entfernen, um den Anbau zu montieren. Das Dachteil für den Anbau an der geraden Schmalseite im 45°-Winkel auf Gehrung schneiden. Eine Schmalseite der Anbau-Seitenwand ebenfalls im 45°-Winkel abschrägen. Das Dach des Anbaus 7,5 cm unterhalb der Oberkante an die Öffnungsklappe des Haupthauses leimen und nageln. Die Seitenwand des Anbaus an das Dach leimen und nageln, dann den Boden zwischen Seitenwand und Öffnungsklappe einleimen und annageln.

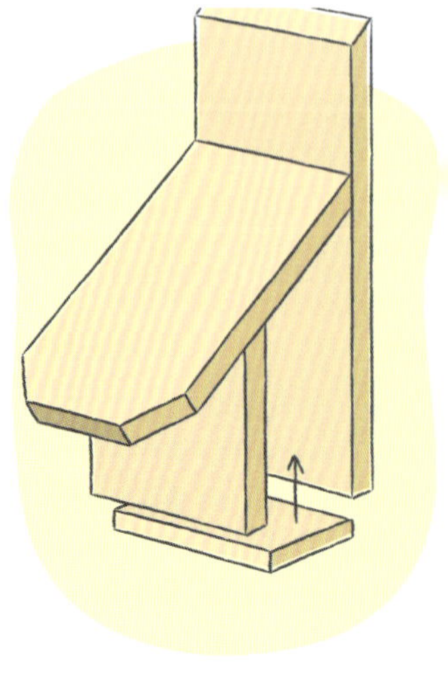

5 Den Anbau mit der offenen Seite auf ein Blatt Papier legen und mit einem Bleistift die innere Kontur umfahren, um eine Vorlage herzustellen. Mithilfe dieser Vorlage je ein Teil für Front und Rückwand aussägen. In das Frontteil ein 2,5 cm großes Loch 7,5 cm oberhalb der Unterkante und 4 cm von der linken Kante entfernt bohren oder sägen. Ein Loch für die Sitzstange 2,5 cm unter dem großen Loch bohren und ein Stück Rundholzstab einsetzen. Front und Rückwand an die offenen Seiten des Anbaus leimen und nageln. Die Öffnungsklappe mit dem Anbau wieder an das Haupthaus montieren.

6 Das Teil für die untere Fassade wie das Frontteil des Haupthauses in Form sägen und ein 2,5 cm großes Loch 21,5 cm über der Unterkante und 2 cm von der linken Kante entfernt bohren oder sägen. 2,5 cm darunter und leicht nach rechts versetzt ein Loch für die Sitzstange bohren und ein Stück Rundholzstab einsetzen. Die Teile für das Dächlein bündig mit der Rückseite des Fassadenteils aufleimen und annageln.

7 Mit einem 3-mm-Holzbohrer 3 Löcher im Abstand von 5 cm zueinander unterhalb der Dachschräge in die Fassade bohren und die Fassade mit 30 mm langen Schrauben auf die Front des Haupthauses schrauben. Sie sollte unten 15 cm weit überstehen.

8 Mithilfe eines Geodreiecks 4 Punkte auf der unteren Fassade markieren: 5 bzw. 10 cm von der Unterkante und jeweils 5 cm von den Seitenkanten entfernt.

9 Ein 10 cm x 12,5 cm großes Rechteck von einem Zaunbrett absägen und bündig mit dem Boden des Haupthauses an die Rückseite der unteren Fassade leimen und nageln. Das verstärkt die Fassade, sodass Sie den fertigen Nistkasten an einem Pfosten befestigen können. Mit einem 3-mm-Holzbohrer an den 4 markierten Punkten Löcher vorbohren mit einem 20-mm-Versenkbohrer erweitern (siehe Seite 135), um die 60 mm langen Schrauben zur Befestigung des Nistkastens eindrehen zu können.

10 Das Einflugloch ausstopfen oder abdecken und den gesamten Nistkasten mit roter Farbe einsprühen. Die Farbe trocknen lassen. Dann die Wände abdecken und das Dach grün streichen. Jeweils Bastelfarbe in 2 Grüntönen auf den Pinsel nehmen und auf die Dachteile tupfen, dabei den Pinsel ab und zu in den 3. Grünton tunken, um eine verwitterte Optik zu schaffen und die Färbung des Daches zu beleben. Die Farbe trocknen lassen. Dann mit einem Lappen hier und da braune Farbe auftupfen, sodass das Dach marmoriert wirkt.

11 Transparenten Silikonkleber in die 2,5 cm großen Löcher der unteren Fassade und des Anbaus geben und eine Glasperle in jedes Loch drücken.

12 Ein 20 cm langes Stück vom grünen Bindedraht abschneiden, durch das Loch einer Glasperle fädeln, auf der Rückseite der Perle wieder nach oben führen und beide Drahtenden 2–3 x oberhalb der Perle miteinander verdrillen. Den Rest des Drahtstücks bis auf ein 5 cm langes Stück am oberen Ende um einen Bleistift wickeln. Die beiden übrigen Perlen genauso andrahten. Mit einem 5-mm-Holzbohrer Löcher im Abstand von 5 cm in den Dachüberstand des Haupthauses bohren (siehe Grafik rechts). Die Drahtenden von unten nach oben durch die Löcher ziehen und mit einer Zange oberhalb der Löcher verdrillen, damit sie nicht nach unten durchrutschen.

13 Den Nistkasten lackieren (siehe Seite 132) und nach dem Trocknen auf einem Pfosten mit einem Querschnitt von 10 cm x 10 cm montieren (siehe Seite 137).

Mit seinen klaren Linien und den Deko-Elementen aus Metall wirkt dieser Nistkasten sehr schlicht, modern und industriell. Die Metallteile finden Sie im Baumarkt. Wenn Sie möchten, können Sie das Dach mit einer witterungsbeständigen Farbe streichen oder – wie hier gezeigt – ungestrichen lassen.

Werkstatt

Material und Werkzeug

- 1 Zaunbrett, 180 cm x 14 cm x 13 mm
- Holzleim, wasserfest
- Nägel, rostfrei, 25 mm lang
- 28 Holzschrauben, 20 mm lang
- 2 Senkkopfschrauben, rostfrei, 30 mm lang
- 4,5 cm Rundholzstab, Ø 8 mm, für die Sitzstange
- Sandpapier, 80er-Körnung
- Sprühfarbe auf Ölbasis, witterungsbeständig, in Dunkelblau
- Kehlblech aus Stahl (aus der Dachdeckerabteilung des Baumarktes), 20 cm x 30 cm
- Permanentmarker in Schwarz
- 1 Schlüsselring
- 1 Karabinerhaken mit Wirbel
- 1 Metallhaken mit Öse
- D-Ring-Aufhänger mit 2 Löchern für die Öffnungsklappe
- Blechwinkel, Kettenstücke, Eckverbinder mit 2 Löchern und andere Deko-Elemente nach Wahl
- Klarlack auf Wasserbasis, witterungsbeständig
- Grundausstattung an Werkzeug (siehe Seite 132)

Größe

ca. 25 cm x 14 cm x 13,5 cm

Innenmaße

Bodenfläche: 10 cm x 10 cm
Raumhöhe: 23 cm
Höhe vom Boden bis zum Einflugloch: 12,5 cm
Einflugloch: Ø 28 mm

Holzzuschnitt

Front und Rückwand: 30 cm x 14 cm (2 x)
1. Seitenwand: 17 cm x 10 cm (1 x = Öffnungsklappe)
2. Seitenwand: 21,5 cm x 14 cm (1 x)
Boden: 10 cm x 10 cm (1 x)

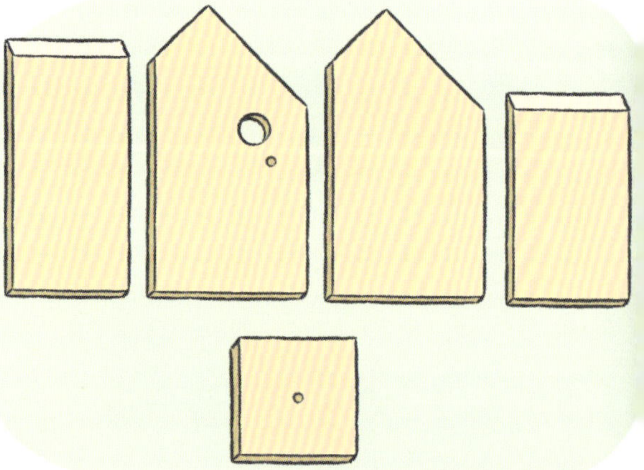

1 Die Teile für den Nistkasten in Form sägen, wie beim Grundmodell beschrieben (siehe Seite 8). Die Oberkante von Front und Rückwand im 45°-Winkel absägen, dann an der gegenüberliegenden Seite noch einmal einen 6 cm langen Schnitt im 45°-Winkel arbeiten. Jeweils eine Oberkante der Seitenwände im 45°-Winkel auf Gehrung sägen. In die Mitte des Bodens mit einem 8-mm-Holzbohrer ein Abflussloch bohren. Ein 28 mm großes Einflugloch 14 cm über der Unterkante und 3 cm von der rechten Seitenkante entfernt in die Front sägen oder bohren. Mit einem 8-mm-Holzbohrer 2,5 cm unterhalb des Einfluglochs und 2,5 cm von der rechten Kante entfernt ein Loch für die Sitzstange bohren und den Rundholzstab einsetzen.

2 Wände und Boden des Nistkastens zusammensetzen, wie beim Grundmodell beschrieben (siehe Seite 8, Schritt 2–4). Den Nistkasten für den Anstrich vorbereiten (siehe Seite 10, Schritt 10) und mit blauer Farbe einsprühen.

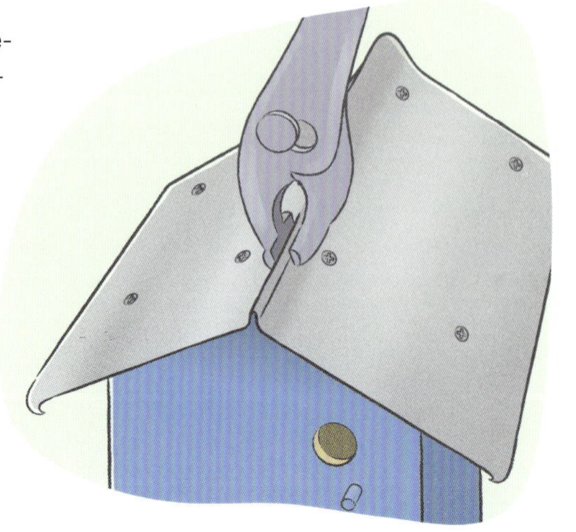

3 Schutzhandschuhe anziehen. Die Ecken des Kehlblechs mit einer Spitzzange nach innen umbiegen, um die Verletzungsgefahr zu bannen. Dann das Blech über die Oberkante von Front und Rückwand zum Dach biegen. Mit einem schwarzen Permanentmarker die Positionen für die Schrauben markieren. Mit einem 3-mm-Bohrer beidseitig Löcher 2,5 cm unterhalb des Dachfirsts an den markierten Stellen im Blech vorbohren; falls nötig, eine 2. Lochreihe vorbohren. Das Blech mit 20 mm langen Holzschrauben anschrauben. Das Blech entlang des Dachfirsts mit einer Flachzange zusammendrücken, damit es dicht auf dem Holz aufliegt.

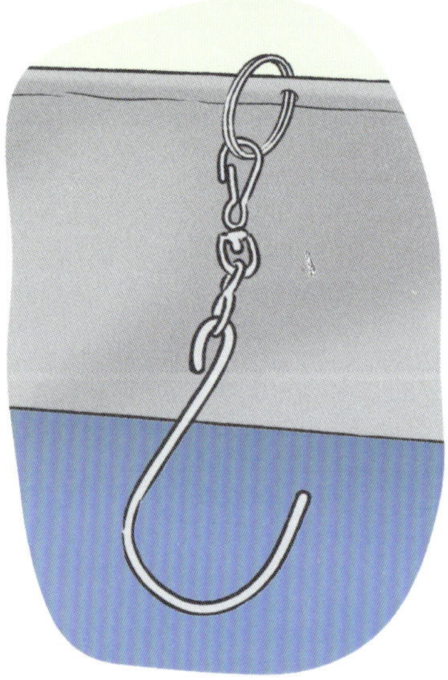

4 Mit einem 3-mm-Bohrer den Dachfirst durch beide Blechlagen durchbohren und einen Schlüsselring aus Metall einhängen. Einen Karabinerhaken mit Wirbel (aus dem Baumarkt) in den Schlüsselring einhängen und den Metallhaken mit Öse als Aufhängung befestigen.

5 Mit einem 1,5-mm-Bohrer Löcher für den D-Ring-Aufhänger in die Öffnungsklappe vorbohren und den D-Ring mit 20 mm langen Holzschrauben anschrauben.

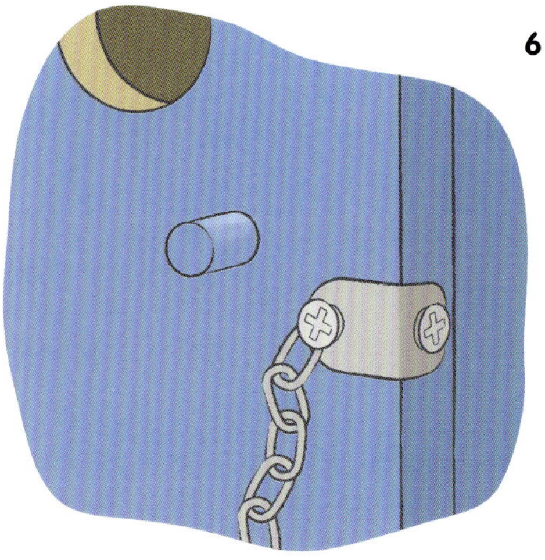

6 Mit einem 1,5-mm-Bohrer an Front, Seitenwänden und Öffnungsklappe Löcher für die Deko-Elemente aus Metall vorbohren und die Metallteile mit 20 mm langen Holzschrauben befestigen. Ich habe L-Profilbleche und ein kleines Verbindungsblech mit 2 Löchern sowie eine Metallkette verwendet. Um die Kette anzubringen, habe ich 2 Schrauben vorübergehend gelöst, jeweils ein Ende der Kette auf die Schrauben gesteckt und die Schrauben wieder festgedreht.

7 Die Holzteile des Nistkastens transparent lackieren (siehe Seite 132).

Dieses einzigartige Häuschen ist für Halbhöhlenbrüter gedacht. Durch die offenen Seiten können die Vögel leicht ein- und ausfliegen, und das alte Nest lässt sich problemlos entfernen, wenn die Jungen flügge sind. Vögel, die in solchen Halbhöhlen brüten, bauen ihre Nester gewöhnlich an einer Blumenampel, freiliegenden Felsen oder kargem Buschwerk. Unter dem Dachbalken einer Veranda wird dieser Nistkasten bald Bewohner anziehen.

Vogel-Bungalow

Material und Werkzeug

- 1 Zaunbrett, 180 cm x 14 cm x 13 mm
- Holzleim, wasserfest
- Nägel, rostfrei, 25 mm lang
- 4 Senkkopfschrauben, rostfrei, 30 mm lang
- 2 Senkkopfschrauben, rostfrei, 50 mm lang
- 3 Stücke Rundholzstab, Ø 8 mm, 2 x 2,5 cm lang und 1 x 4,5 cm lang, für die Sitzstangen
- Holzkitt, überstreichbar
- Sandpapier, 80er-Körnung
- Sprühfarbe auf Ölbasis, witterungsbeständig, in Gelb und Rot
- Bastelfarbe, witterungsbeständig, in Rot und Grün
- 4 Päckchen Schindeln bzw. Holzleisten, ca. 4 cm breit und 5 mm stark
- Drahtstifte, 16 mm lang
- 1 kleiner Ast, ca. 7,5 cm lang
- Moos
- Klarlack auf Wasserbasis, witterungsbeständig
- Grundausstattung an Werkzeug (siehe Seite 132)

Größe

ca. 18,5 cm x 19 cm x 23 cm

Innenmaße

Bodenfläche: 13,5 cm x 14 cm
Raumhöhe: 21,5 cm
Höhe vom Boden bis zum Einflugloch: 15 cm
Einflugloch: Ø 40 mm

Holzzuschnitt

Front und Rückwand: 23 cm x 14 cm (2 x)
Seitenwände: 16,5 cm x 14 cm (2 x)
Dach: 20 cm x 15 cm (2 x)
Boden: 13,5 cm x 14 cm (1 x)
Befestigungsbrett: 35 cm x 14 cm (1 x, vom oberen Ende des Zaunbretts absägen)

1 Die Teile für den Nistkasten aus dem Zaunbrett zusägen, wie beim Grundmodell beschrieben (siehe Seite 8). An der Oberkante von Front und Rückwand eine Spitze im 15°-Winkel sägen. Ein 40 mm großes Einflugloch 4 cm über der Unterkante mittig in die Front sägen oder bohren.

2 Die Seitenwände an die Außenkanten von Front und Rückwand leimen und nageln, sodass sie bündig mit der Unterkante abschließen. Den Boden einleimen und mit Nägeln befestigen.

3 Die Teile für das Dach auf Front und Rückwand aufleimen und annageln, sodass sie mit der Rückwand bündig abschließen und vorne 4 cm weit überstehen. In der oberen Mitte bleibt eine V-förmige Lücke. Mit einem 8-mm-Holzbohrer 3 Löcher für die Sitzstangen bohren, wie rechts gezeigt, und die Rundholzstäbe einsetzen: das 4,5 cm lange Stücke in das Loch unterhalb des Einflugloch, die beiden 2,5 cm langen Stücke in die zwei anderen Löcher.

4 Den Nistkasten für den Anstrich vorbereiten (siehe Seite 10, Schritt 10) und mit hellgelber Farbe einsprühen.

5 Mit einem Geodreieck die Stellen zum Anschrauben des Befestigungsbretts 4 cm von den Seitenkanten und 4 cm von der Oberkante entfernt markieren: So können Sie den Nistkasten mit 50 mm langen Schrauben an einem Baum oder einem hohen Zaun befestigen. Das Befestigungsbrett ebenfalls mit hellgelber Farbe einsprühen.

6 Den Nistkasten mit 30 mm langen Schrauben am Befestigungsbrett anbringen.

7 Die Schindeln bzw. dünnen Holzleisten beidseitig mit roter Farbe einsprühen und trocknen lassen. Die 1. Reihe Schindeln so zusägen, dass sie von der Traufkante bis zum First reichen. Mit einem 1,5 mm starken Bohrer oben und unten je 1 Loch in jede Schindel bohren und die Schindel mit Drahtstiften auf dem Dach befestigen. Weitere 2 Schindelreihen genauso fixieren, dabei die Schindeln für jede neue Reihe 4 cm kürzer sägen als die der Vorreihe, und so auf dem Dach anordnen, dass sie oben am Dachfirst enden.

8 Die Sitzstangen mit grüner Farbe streichen.

9 Rote Schindeln in unterschiedlichen Längen an Front und Seitenwänden annageln. Die offenen Sägekanten mit roter Farbe anmalen.

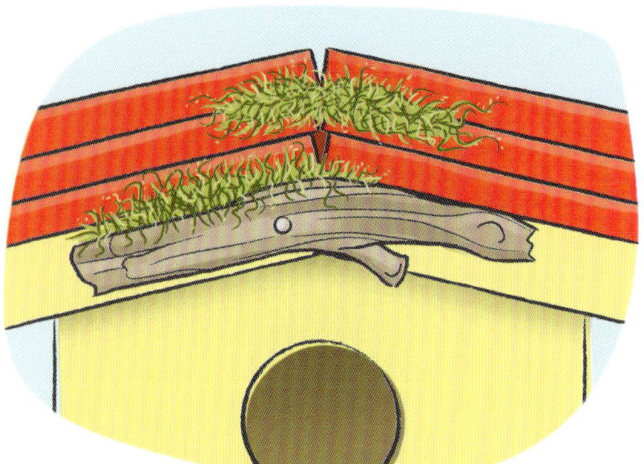

10 In einen kleinen Ast ein Loch vorbohren und den Ast mit einem 2,5 cm langen Nagel über dem Einflugloch am Dachgiebel befestigen. Etwas Moos hinter dem Ast und auf dem Dach anleimen.

11 Das Einflugloch mit zerknülltem Papier ausstopfen oder abkleben und den Nistkasten von außen lackieren (siehe Seite 132).

Mit dem hellgelben Karomuster auf blauviolettem Grund wirkt dieser Nistkasten ausgesprochen nostalgisch. Das Schablonieren macht Spaß und ist eine einfache Methode, jedes Projekt aufzupeppen.

Karokasten

Material und Werkzeug
- 1 Zaunbrett, 180 cm x 14 cm x 13 mm
- 1 Zaunbrett, 180 cm x 19 cm x 13 mm
- Holzleim, wasserfest
- Nägel, rostfrei, 25 mm lang
- 4,5 cm Rundholzstab, Ø 8 mm, für die Sitzstange
- 4 Maschinenkopfschrauben, 20 mm lang
- 6 Senkkopfschrauben, rostfrei, 30 mm lang
- 2 Senkkopfschrauben, rostfrei, 60 mm lang
- Holzkitt, überstreichbar
- Sandpapier, 80er-Körnung
- Schablone für Karomuster
- Malerkreppklebeband
- Sprühfarbe auf Ölbasis, witterungsbeständig, in dunklem Blauviolett
- Bastelfarbe, witterungsbeständig in Hellgelb
- Schablonierpinsel
- Klarlack auf Wasserbasis, witterungsbeständig
- Grundausstattung an Werkzeug (siehe Seite 132)

Größe
ca. 16,5 cm x 16 cm x 19 cm

Innenmaße
Bodenfläche: 11 cm x 14 cm
Raumhöhe: 20 cm
Höhe vom Boden bis zum Einflugloch: 15 cm
Einflugloch: Ø 40 mm

Holzzuschnitt
Rückwand: 30 cm x 14 cm (1 x)
Front: 23 cm x 14 cm (1 x = Öffnungsklappe)
Seitenwände: 29 cm x 14 cm (2 x)
Boden: 11 cm x 14 cm (1 x)
Pultdach: 23 cm x 19 cm (1 x)
Rückwandverstärkung: 28 cm x 19 cm

1 Die Teile für den Nistkasten aus dem Zaunbrett zusägen, wie beim Grundmodell beschrieben (siehe Seite 8). Die Oberkanten von Front und Rückwand im 22,5°-Winkel auf Gehrung sägen. Die Oberkanten der Seitenwände im 22,5°-Winkel absägen. Ein 40 mm großes Einflugloch 15 cm von der Unterkante entfernt mittig in die Front bohren oder sägen. 2,5 cm unterhalb des Einfluglochs ein Loch für die Sitzstange bohren und den Rundholzstab einsetzen (siehe Seite 10, Schritt 9).

2 Wände und Boden des Nistkastens zusammenbauen, wie beim Grundmodell beschrieben (siehe Seite 9, Schritt 2–4), jedoch die Front (= Öffnungsklappe) noch nicht endgültig befestigen. Das Dach so aufleimen und annageln, dass es an der Rückseite 1 cm weit übersteht.

3 Das Brett zur Verstärkung der Rückwand an der Oberkante im 22,5°-Winkel auf Gehrung schneiden und so auf die Rückwand leimen und schrauben, dass es oben am Dach abschließt und an beiden Seiten 2,5 cm weit übersteht. Mit einem 3-mm-Holzbohrer exakt auf gleicher Höhe jeweils ein Loch oben durch die linke und die rechte Seitenwand in die Front bohren und 60 mm lange Schrauben eindrehen, sodass sich die Klappe öffnen lässt.

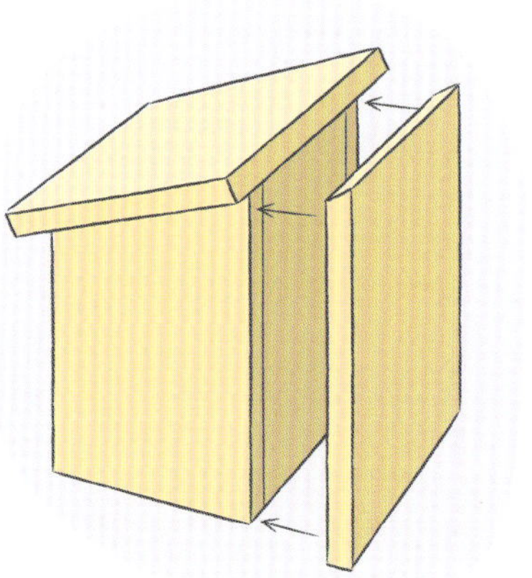

4 Mit einem 8-mm-Holzbohrer knapp unter dem Dachüberstand schräg nach oben (damit kein Regen eindringen kann) Belüftungslöcher in die Seitenwände bohren.

5 Den Nistkasten für den Anstrich vorbereiten (siehe Seite 10, Schritt 10) und den ganzen Kasten mit dunkelvioletter Farbe einsprühen. Die Farbe trocknen lassen. Die Karoschablone mit Malerkreppklebeband auf der Front befestigen und mit einem Schablonierpinsel mit steifen Borsten hellgelbe Farbe durch die Öffnungen der Schablone auftragen, dabei stets nur wenig Farbe auf den Pinsel nehmen. Nach Belieben auch die Ränder des Daches schablonieren. Den Nistkasten lackieren (siehe Seite 132).

Dieses Hochhaus bietet gleich zwei Familien von Zaunkönigen oder anderen kleinen Höhlenbrütern Platz, die von Menschen angefertigte Nisthilfen annehmen. Das schicke Haus passt gut in ein Ambiente mit Strandflair. Wer mag, lässt das Befestigungsbrett auf der Rückseite weg.

Hochhaus

Material und Werkzeug

- 2 Zaunbretter, 180 cm x 14 cm x 13 mm
- Holzleim, wasserfest
- Nägel, rostfrei, 25 mm lang
- 7 Senkkopfschrauben, rostfrei, 30 mm lang
- 6 Stücke Rundholzstab, Ø 8 mm, 2 x 4,5 cm lang und 4 x 2,5 cm lang, für die Sitzstangen
- Holzkitt, überstreichbar
- Sandpapier, 80er-Körnung
- Malerkreppklebeband
- Holzgrundierungsfarbe in Braun
- Sprühfarbe auf Ölbasis, witterungsbeständig, in Marineblau, Elfenbein und Kupfer
- Bastelfarbe, witterungsbeständig, in Antikgoldmetallic, Jagdgrün und Hellgelb
- Holzleiste, 75 cm x 9 cm x 2,5 cm, zum Befestigen des Nistkastens
- 2 Senkkopfschrauben, rostfrei, 50 mm lang
- Klarlack auf Wasserbasis, witterungsbeständig
- Grundausstattung an Werkzeug (siehe Seite 132)

Größe

ca. 61 cm x 23 cm x 14 cm

Innenmaße

Bodenfläche: 11 cm x 14 cm
Raumhöhe: 25 cm (oberes Stockwerk), 23 cm (unteres Stockwerk)
Höhe vom Boden bis zum Einflugloch: 20 cm (bei beiden Stockwerken
Einflugloch: Ø 32 mm (bei beiden Stockwerken)

Holzzuschnitt

Front und Rückwand: 56 cm x 14 cm (2 x)
Seitenwände: 49 cm x 14 cm (2 x; 1 Seitenwand wird zur Öffnungsklappe)
Boden: 13 cm x 14 cm (2 x)
Unterer Teil des Daches: 13 cm x 14 cm (2 x)
Oberer Teil des Daches: 14,5 cm x 14 cm (2 x)
Vordach für das untere Stockwerk: 12,5 cm x 14 cm (1 x)

1 Die Teile für den Nistkasten zuschneiden und in Form sägen, wie beim Grundmodell beschrieben (siehe Seite 8), dabei die Abschnitte der Dachschrägen zum Dekorieren aufheben. Eine Schmalseite des Vordaches im 45°-Winkel auf Gehrung schneiden, dann das Teil längs halbieren. Mit einem Geodreieck auf der Innenseite von Front und Rückwand eine horizontale Linie im Abstand von 25 cm zur Unterkante anzeichnen (= Markierung für den Zwischenboden). Je ein 32 mm großes Einflugloch 21,5 cm über der Unterkante und 9 cm unterhalb der oberen Spitze mittig in die Front bohren oder sägen.

2 Wände und Boden des Nistkastens bis auf die Öffnungsklappe zusammenbauen, wie beim Grundmodell beschrieben (siehe Seite 9).

3 Das 2. Bodenteil an der Markierung als Zwischenboden in den Nistkasten einleimen und mit Nägeln befestigen. Öffnungsklappe und Dach montieren (siehe Seite 9/10, Schritt 4–7).

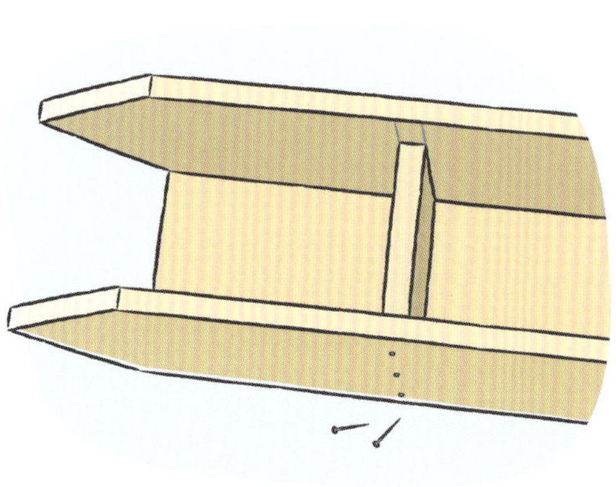

Purpurschwalbe
(Progne subis)

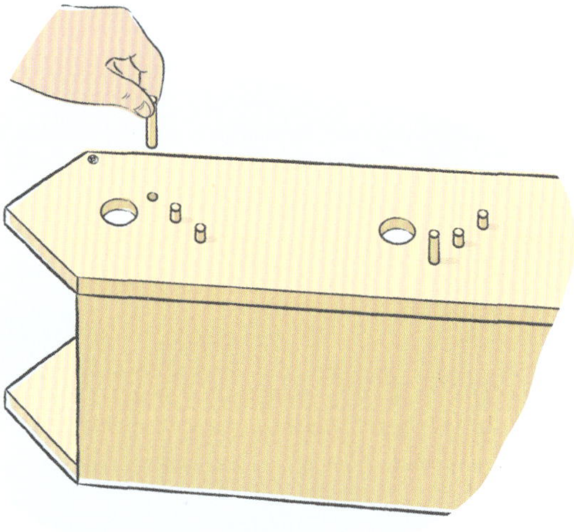

4 Mit einem 8-mm-Holzbohrer 3 Löcher in einer diagonalen Linie unter jedem Einflugloch in die Front bohren. Die Rundholzstäbe als Sitzstangen einsetzen, dabei jeweils ein 4,5 cm langes Stück Rundholzstab zuoberst einschlagen.

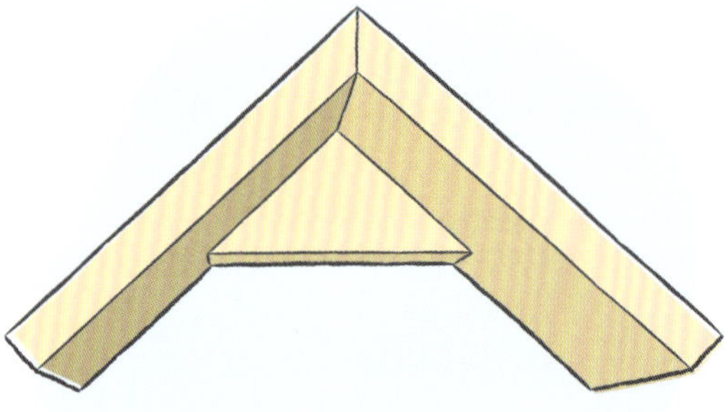

5 Die beiden Teile für das untere Vordach an der abgeschrägten Kante zusammenleimen und -nageln. Einen dreieckigen Holzrest unter dem Giebel anleimen und -nageln. (Damit wird das Vordach am Nistkasten befestigt.)

6 Mithilfe eines Geodreiecks eine horizontale Linie 4 cm über dem unteren Einflugloch auf die Front zeichnen. Die Rückseite des Vordaches mit Holzleim bestreichen. (Achtung! Dachüberstand frei lassen!) Die Basis des Giebeldreiecks auf der Hilfslinie platzieren. Das Vordach mit 3 Nägeln durch das Giebeldreieck befestigen.

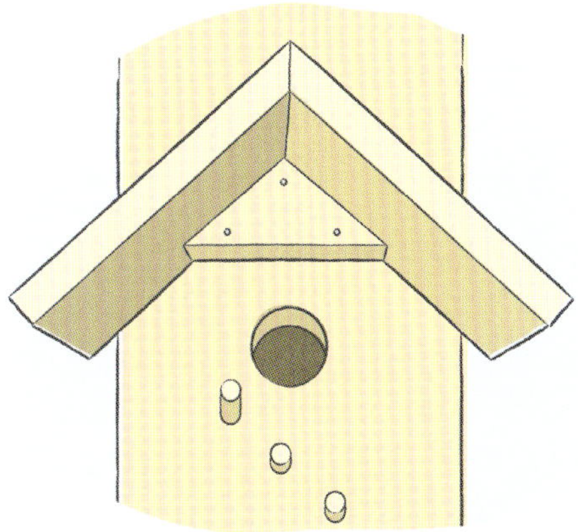

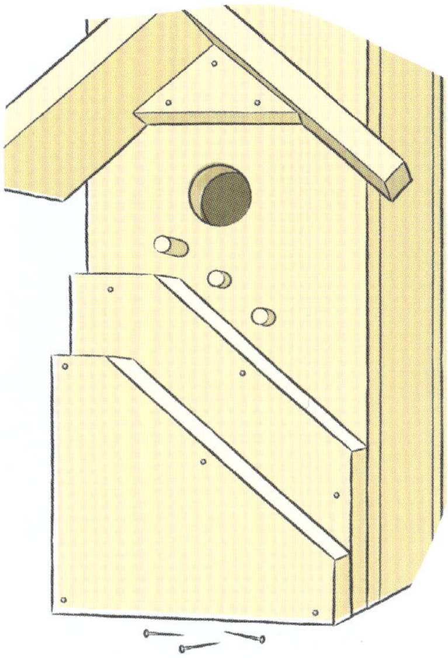

7 2 jeweils 17 cm hohe Stücke vom Zaunbrett absägen und von der linken oberen Ecke aus im 45°-Winkel schräg nach unten sägen. Dann oben 4,5 cm und unten 7 cm absägen, sodass 2 fünfeckige Teile entstehen. Bei einem der beiden Teile unten weitere 4 cm absägen. Diese Zierteile aufeinanderleimen und dann an die Unterkante der Nistkastenfront leimen und nageln.

8 Die in Schritt 7 abgesägten Dreiecke über dem Vordach aufleimen und annageln und dabei gegebenenfalls leicht übereinanderschieben, damit sie beide den gleichen Abstand zu den Seitenkanten des Häuschens haben.

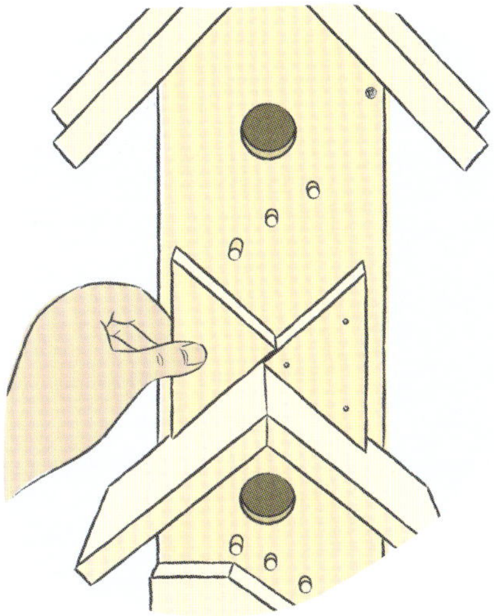

9 Mit dem Geodreieck und einem 3-mm-Bohrer in das Befestigungsbrett 2 Löcher mit 4 cm Abstand zur Oberkante und zu den Seitenkanten bohren, damit der Nistkasten mit 50 mm langen Schrauben an einem Baum oder einem hohen Zaun angebracht werden kann. 5 Löcher durch das Befestigungsbrett und die Rückwand des Nistkastens bohren und den Nistkasten mit 30 mm langen Schrauben am Brett befestigen. Die an den Ecken abgeschrägten Oberkanten der beiden 14 cm breiten Zaunbretter absägen und als Griffe an die Öffnungsklappen schrauben.

10 Den Nistkasten für den Anstrich vorbereiten (siehe Seite 10) und dann mit brauner Farbe grundieren. Dach und Vordach kupferfarben anmalen und trocknen lassen, dann mit Malerkreppklebeband abkleben und den Rest des Nistkastens mit marineblauer Farbe einsprühen. Wenn die Farbe getrocknet ist, eine letzte Farbschicht in Elfenbein auftragen. Das Marineblau schimmert durch die hellere Schicht durch, sodass der Nistkasten leicht verwittert wirkt.

11 Die „Stufen“, die Deko-Dreiecke, Türgriffe und Sitzstangen hellgelb anmalen. Dann mit fast trockenem Pinsel einzelne Striche in Gelb auf dieselben Teile und Striche in Antikgold auf die beiden Dächer und auf die Kanten der gelben Partien auftragen. Die Farben trocknen lassen.

12 Den Nistkasten und das Befestigungsbrett transparent lackieren (siehe Seite 132).

3. Kapitel

Recycling-Nistkästen

Jeder von uns hat Schubladen und Schuppen, die von Zeit zu Zeit entrümpelt werden müssen. Von Weinkorken und Resten alter Ketten bis zu wiederverwerteten Holzsäulen können Sie für die Modelle in diesem Kapitel alle möglichen Fundstücke verwenden und allerlei Überbleibsel und Reste in etwas verwandeln, das wirklich Stil hat.

Dieser Nistkasten steht auf einem 60 cm hohen Standfuß aus einer alten Holzsäule aus einem Balkon- oder Treppengeländer. Er ist für einen Garten mit überdachter Veranda gedacht und sieht zwischen Kübelpflanzen, die das Frühjahr und den Sommer hindurch in Blüte stehen, sicher fantastisch aus. Vögel, die nicht menschenscheu sind, nisten überall, wo es ihnen gefällt.

Kleiber (Sitta europaea)

Nistkasten
mit Standfuß

Material und Werkzeug

- 1 Zaunbrett, 180 cm x 14 cm x 13 mm
- 1 Hartholzbalken, 64 cm x 10 cm x 2,5 cm
- 1 alte Geländersäule eines Balkon- oder Treppengeländers (oder eine neue Säule aus dem Baumarkt), 60 cm x 4 cm x 4 cm
- Holzleim, wasserfest
- Nägel, rostfrei, 25 mm lang
- 18 Senkkopfschrauben, rostfrei, 30 mm lang
- 12 Senkkopfschrauben, rostfrei, 30 mm lang
- 1 Senkkopfschraube, rostfrei, 50 mm lang
- 25 cm Rundholzstab, Ø 10 mm, für Dach und Sitzstange
- Drahtstifte, 20 mm lang
- Holzkitt, überstreichbar
- Sandpapier, 80er-Körnung
- Sprühfarbe auf Ölbasis, witterungsbeständig, in Weiß, Zartgelb und Hellblau
- Bastelfarbe, witterungsbeständig, in Rot, Braun, Dunkelbraun, Metallicgrün und Hellgelb
- Silikonkleber, wasserfest (30 Minuten Abbindezeit)
- 3 Holzkugeln, Ø 2,5 cm, als „Eier“ (optional)
- Moos
- Klarlack auf Wasserbasis, witterungsbeständig
- Grundausstattung an Werkzeug (siehe Seite 132)

Größe

ca. 95 cm x 14 cm x 17 cm

Innenmaße

Bodenfläche: 11 cm x 14 cm
Raumhöhe: 20 cm
Höhe vom Boden bis zum Einflugloch: 15 cm
Einflugloch: Ø 40 mm

Holzzuschnitt

Hinweis: Beginnen Sie mit dem Zusägen der Einzelteile aus dem Zaunbrett am geraden Ende des Bretts. Das obere Ende mit den abgeschrägten Ecken brauchen Sie später als Grundplatte für den Nistkasten.

Fuß: 10 cm x 15 cm (4 x aus dem Hartholzbalken zusägen)
Platte für das obere Ende der Säule: 18 cm x 14 cm (1x vom unteren Ende des Zaunbretts)
Grundplatte für den Nistkasten: 24,5 cm x 14 cm (1x vom oberen Ende des Zaunbretts)
Front und Rückwand: 23,5 cm x 14 cm (2 x aus dem Zaunbrett)
Seitenwände: 20 cm x 14 cm (2 x aus dem Zaunbrett; 1 Seitenwand wird zur Öffnungsklappe)
Dach: 21,5 cm x 14 cm (2 x aus dem Zaunbrett)
Boden: 11 cm x 14 cm (1 x aus dem Zaunbrett)

1 Aus dem Hartholzbalken 4 Rechtecke à 10 cm x 14 cm für den Standfuß sägen. Jeweils an einer Schmalseite eine Ecke im 45°-Winkel absägen (siehe Grafik). Mit einem 3-mm-Bohrer 2 Löcher im Abstand von 2,5 cm in jede Seite der Säulenbasis (Holzsäule von Balkon- oder Treppengeländer) bohren (siehe Seite 136). Wasserfesten Holzleim auf die Säulenbasis auftragen. Die Holzrechtecke mit der abgeschrägten Kante nach oben und der geraden Schmalseite bündig mit der Kante der Säulenseite anleimen und mit 30 mm langen Schauben durch Brett und Säulenbasis befestigen. Alle 4 Fußteile auf diese Weise anbringen.

2 Mit einem 3-mm-Holzbohrer ein Loch in die Mitte des Bretts für das obere Ende der Säule bohren. Wasserfesten Holzleim auf die Oberkante der Holzsäule auftragen. Das Brett auflegen und mit einer 50 mm langen Schraube befestigen. Rund um die Schraube Nägel einschlagen, damit sich das Brett nicht drehen kann. Wenn der Holzleim trocken ist, hält die Verbindung fest.

3 Den Standfuß mit witterungsbeständiger Sprühfarbe in Weiß grundieren und trocknen lassen. Dann den Standfuß mit wetterfester Bastelfarbe auf Ölbasis in Zartgelb streichen.

4 Die Teile für den Nistkasten aus dem Zaunbrett zusägen, wie beim Grundmodell beschrieben. (Beginnen Sie am geraden Ende des Zaunbretts zu sägen. Das obere Ende mit den abgeschrägten Ecken brauchen Sie noch als Grundplatte für den Nistkasten.) Die Oberkanten von Front und Rückwand zu einer Spitze im 22,5°-Winkel sägen und die Holzabschnitte aufheben. Die Ecken des Bodens nicht absägen. Ein 40 mm großes Einflugloch 18 cm oberhalb der Unterkante mittig in die Front bohren oder sägen.

5 Wände und Boden des Nistkastens zusammenbauen, wie beim Grundmodell beschrieben (siehe Seite 9, Schritt 2–4). Oberhalb der Seitenwand und der Öffnungsklappe sollten 2 mm breite Belüftungsschlitze bleiben. Das Dach anbringen, wie beim einfachen Dach beschrieben (siehe Seite 11). Es steht vorne 4 cm und hinten 6 mm über.

6 Ein 4,5 cm langes Stück Rundholzstab für die Sitzstange absägen. Mit einem 10-mm-Holzbohrer ein Loch 2,5 cm unterhalb des Einfluglochs in die Front bohren und die Sitzstange einsetzen. Den Rest des Rundholzstabes auf eine Länge von 21 cm absägen, in die Lücke zwischen den beiden Dachteilen einleimen (siehe Schritt 2 des einfachen Daches, Seite 11) und mit 2 cm langen Drahtstiften befestigen.

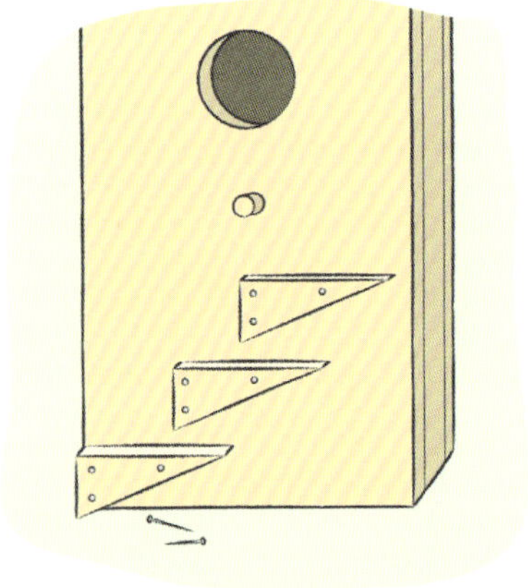

7 Wasserfesten Holzleim auf die Rückseite eines der dreieckigen Holzteile auftragen, die beim Zusägen von Front und Rückwand übrig geblieben sind. Mit einem 1,5-mm-Bohrer 3 Löcher vorbohren. Das dreieckige Holzteil an der Basis der Front platzieren, sodass es links bündig mit der Frontkante abschließt. Das Dreieck mit 25 mm langen, rostfreien Nägeln befestigen. Das 2. und 3. Holzdreieck jeweils 12 mm über dem vorhergehenden Dreieck und mit einem Abstand von 4 cm bzw. 6 cm von der linken Kante ebenso anbringen. Das verbleibende 4. Holzdreieck 4,5 cm von der linken Kante und 3 cm von der Unterkante entfernt als Griff an der Öffnungsklappe befestigen.

8 Wasserfesten Holzleim auf die Unterkanten der Front, der Seitenwand und der Rückwand auftragen (nicht auf die Öffnungsklappe!). Mit einem 3-mm-Holzbohrer 4 Löcher in die Grundplatte des Nistkastens bohren. Die Grundplatte auf die Unterseite des Nistkastens legen, sodass sie vorne 5,5 cm und hinten 12 mm weit übersteht und die Seitenkanten mit denen des Nistkastens bündig abschließen. Die Platte mit 4 rostfreien Schrauben (30 mm lang) am Nistkasten anschrauben.

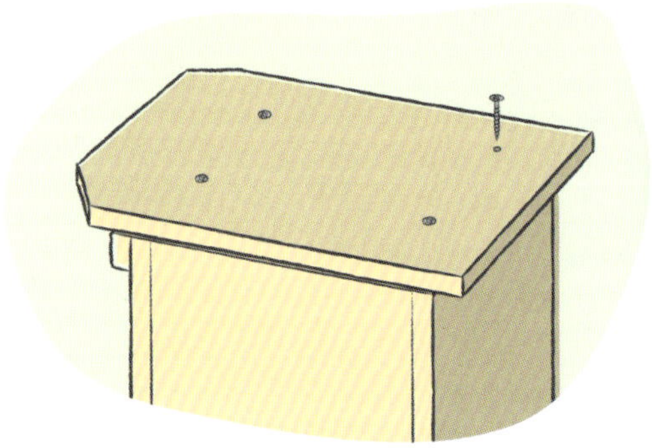

9 Den Nistkasten für den Anstrich vorbereiten (siehe Seite 10, Schritt 10) und 2x mit zartgelber, witterungsbeständiger Farbe einsprühen.

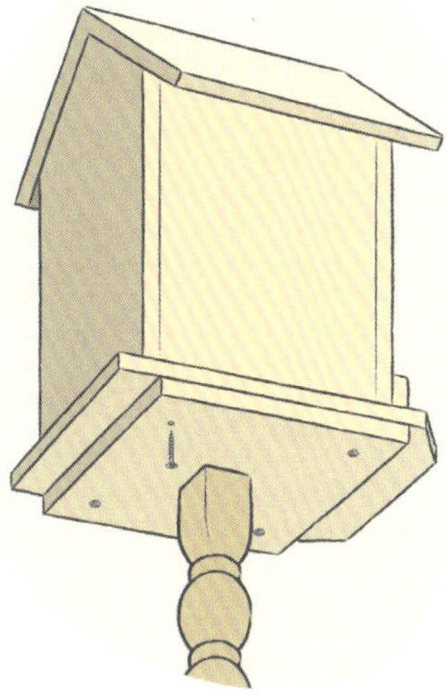

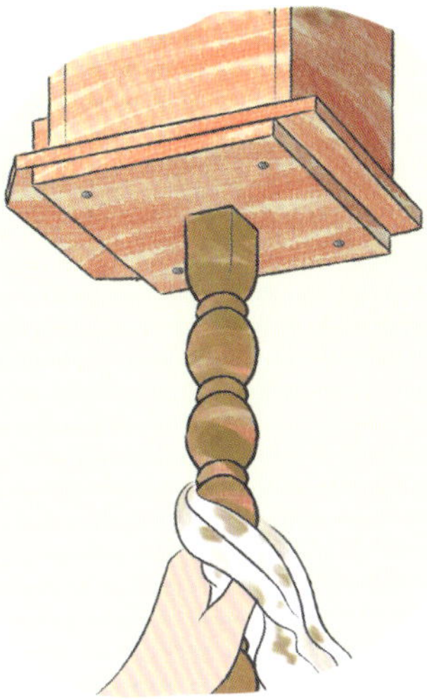

10 Wasserfesten Holzleim auf das Brett am oberen Ende des Standfußes auftragen und die Grundplatte des Nistkastens mittig darauf platzieren. Mit einem 3-mm-Holzbohrer 4 Löcher in den Boden des Brettes am oberen Ende des Fußes bohren. 4 rostfreie Schrauben (30 mm lang) eindrehen, um den Nistkasten auf dem Standfuß zu befestigen.

11 Mit einem 2,5 cm breiten Pinsel rote Farbe mit hin- und hergehenden Strichen auf Holzsäule und Nistkasten wischen, sodass ein streifenartiger Effekt entsteht. Dach und Fuß bleiben frei von roter Farbe. Braune Bastelfarbe im Verhältnis 1:2 mit Wasser verdünnen. Diese verdünnte Farbe nur auf die Holzsäule auftragen. Einen Lappen nacheinander um jeden Teil der Säule legen und wieder abziehen, sodass die Säule wie verwittertes Holz aussieht.

12 Metallicgrüne Bastelfarbe hier und da auf alle vier Seiten des Nistkastens auftragen. Verdünnte braune Farbe (siehe Schritt 11) jeweils nur auf eine Seite auftragen und mit einem Lappen abtupfen, solange sie noch feucht ist, bis die gewünschte Wirkung erzielt ist. Dach, Dachkanten und Dachunterseite mit verdünnter brauner Farbe streichen, dabei darauf achten, dass die Farbe nicht tropft oder rinnt. Die Farbe nicht abwischen oder abtupfen, sondern trocknen lassen.

13 Die Stufen an der Front, den Griff der Öffnungsklappe und ein Drechsel-Element der Holzsäule hellgelb streichen und trocknen lassen. Den ganzen Nistkasten und den Standfuß transparent lackieren (siehe Seite 132) und trocknen lassen. Die Stufen, den Griff der Öffnungsklappte, die Holzsäule, Front, Rückwand, Seitenwände und Unterseite des Nistkastens mit Sandpapier in kreisenden Bewegungen anschleifen, um die Farbe teilweise zu entfernen und eine verwitterte Optik zu erzielen. Das ganze Modell noch einmal lackieren und trocknen lassen.

14 3 Holzkugeln (Ø 2,5 cm) mit hellblauer Bastelfarbe anmalen und trocknen lassen. Wasserfesten Silikonkleber auf die rechte Seite der „Veranda" auftragen. Moos auf den Kleber legen und zusammenschieben, sodass ein rundes Nest entsteht. Das Moos in der Mitte zusammendrücken: In diese Mulde wasserfesten Silikonkleber geben und die „Eier" andrücken.

15 Wasserfesten Silikonkleber auf die Oberkanten der Standfußbrette rund um den Fuß der Holzsäule auftragen und Moos darauf andrücken.

Ich weiß ja nicht, wie Sie es halten, aber ich hebe alle Weinkorken auf – die von preiswerten Alltagsweinen ebenso wie die von edlen Tropfen. Bieten Sie Ihrer Familie und Ihren Freunden mit diesem Nistkasten doch ein wenig unterhaltsamen Gesprächsstoff bei Wein und Käse auf der Terrasse! Wenn Sie eine Flasche öffnen, werfen Sie den Korken durchs Einflugloch in den Kasten. Sobald der voll ist, entnehmen Sie die Korken per Öffnungsklappe für Ihr nächstes Kreativprojekt. Und ja: Dieses Häuschen eignet sich auch als echter Nistkasten für Vögel.

Korkensammler

Material und Werkzeug

- 2 Zaunbretter, 180 cm x 14 cm x 13 mm
- Holzleim, wasserfest
- Nägel, rostfrei, 25 mm lang
- 1 Möbelknopf aus grünem Glas, Ø ca. 4 cm
- 3 x 25 cm schwarzer Draht
- 2 Senkkopfschrauben, rostfrei, 30 mm lang
- 4,5 cm Rundholzstab, Ø 8 mm, für die Sitzstange
- Holzkitt, überstreichbar
- Sandpapier, 80er-Körnung
- Sprühfarbe auf Ölbasis, witterungsbeständig, in Blauviolett
- Bastelfarbe, witterungsbeständig, in Umbra und Grün
- Klarlack auf Wasserbasis, witterungsbeständig
- 8 Weinkorken
- Moos
- 1 Schlüssel und 1 Schlüsselloch-Rosette (optional)
- Grundausstattung an Werkzeug (siehe Seite 132)

Größe

ca. 37 cm x 14 cm x 19 cm

Innenmaße

Bodenfläche: 11 cm x 14 cm
Raumhöhe: 29 cm
Höhe vom Boden bis zum Einflugloch: 20 cm
Einflugloch: Ø 32 mm

Holzzuschnitt

Front und Rückwand: 31 cm x 14 cm (2 x)
Seitenwände: 24 cm x 14 cm (2 x; 1 Seitenwand wird zur Öffnungsklappe)
Unterer Teil des Daches: 13 cm x 14 cm (2 x)
Oberer Teil des Daches: 14,5 cm x 14 cm (2 x)
Boden: 11 cm x 14 cm (1 x)

1 Die Teile für den Nistkasten aus dem Zaunbrett in Form sägen, wie beim Grundmodell beschrieben (siehe Seite 8), dabei die abgesägten Dreiecke von Front und Rückwand aufheben. Ein 32 mm großes Einflugloch 21,5 cm oberhalb der Unterkante mittig in die Front bohren oder sägen.

2 Den Nistkasten zusammenbauen, wie beim Grundmodell beschrieben (Seite 9/10, Schritt 2–8). Ein 4,5 cm langes Stück Rundholzstab als Sitzstange anbringen (siehe Seite 10, Schritt 9).

3 3 Restdreiecke aus Holz als „Borde“ für die Korken auf die Front leimen und schrauben. Das 4. Dreieck unter dem Dachgiebel anbringen.

BRIDLEWOOD
STERLING
PASO CREEK
805 233-9593
WILD HORSE
CHRONIC
CELLARS

4 Den Nistkasten für den Anstrich vorbereiten (siehe Seite 10, Schritt 10). Seitenwände und Boden mit Sprühfarbe in Blauviolett einsprühen. Die Dreiecke an Front und Giebel grün anmalen.

5 Zum Lasieren Bastelfarbe in Umbra im Verhältnis 1:1 mit Wasser verdünnen. Nach und nach jeweils eine kleine Fläche der Nistkastenwände auf einmal mit dieser Farbe anstreichen und die Farbe sofort mit einem Lappen oder einem Stück Küchenkrepp abwischen. Die Dreiecke grün lassen. Die Farbe trocknen lassen.

6 Das Einflugloch mit zerknülltem Papier ausstopfen oder mit Klebeband abkleben, dann alle Wände und die Unterseite des Häuschens transparent lackieren, damit die Lasur nicht vom Regen abgewaschen wird (siehe Seite 132). Den Lack trocknen lassen. Anschließend das Dach mit verdünnter, witterungsbeständiger Farbe in Umbra streichen.

7 Die Öffnungsklappe abnehmen. Mit einem 2-mm-Bohrer von hinten ein Loch in die Öffnungsklappe bohren, den Möbelknopf als Griff anschrauben und die Öffnungsklappe wieder einsetzen.

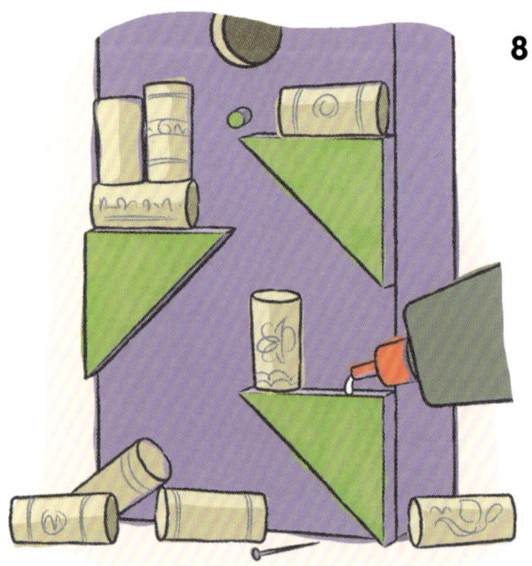

8 Weinkorken nach Wahl beliebig verteilt aufleimen und annageln. Moos auf die Korken leimen.

9 Mit Sandpapier (80er-Körnung) die Kanten der Dreiecke, des Dachs und des Nistkastens leicht anschleifen, um eine verwitterte Optik zu erzielen.

10 Die Drahtstücke um einen Bleistift oder das Ende eines Pinselstiels wickeln, dabei ca. 6 cm glatt lassen. Den Draht vom Bleistift streifen. Mit einem 1,5-mm-Bohrer Löcher zum Aufhängen der Drahtspiralen durch den vorderen Dachüberstand bohren. Die Drahtspiralen von unten durch die Dachkante führen und auf der Oberseite des Daches die Drahtenden mit einer Spitzzange verdrillen, um die Spiralen zu fixieren.

11 Das Einflugloch mit zerknülltem Papier ausstopfen oder mit Klebeband abkleben und den ganzen Nistkasten von außen transparent lackieren (siehe Seite 132).

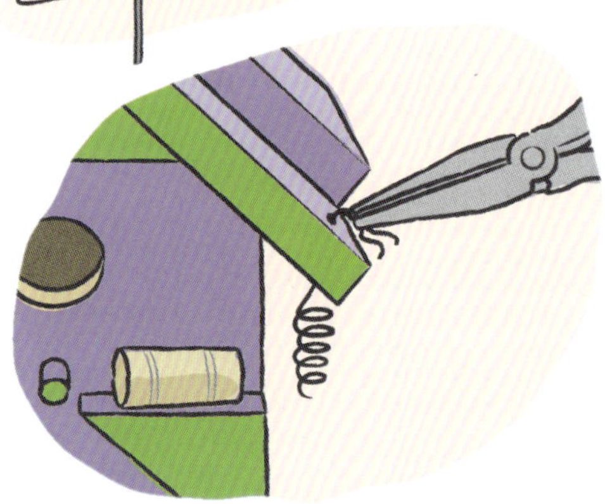

Wie heißt es so schön? „Des einen Schutt ist des anderen Schatz“ – eine Weisheit, die sich bei diesem Nistkasten als wahr erweist. Ich hatte in meinem Garten einen alten, rostigen Wasserhahn gefunden und für einen Regentag beiseitegelegt. Anderen Krimskrams hatte ich in Bastelgeschäften und bei der Baufirma vor Ort entdeckt. Bei diesem Projekt ist schlichtweg alles möglich – lassen Sie Ihrer Fantasie freien Lauf!

Kanadakleiber
(Sitta canadensis)

Vogelhaus mit Blumenkasten

Material und Werkzeug

- 2 Zaunbretter, 180 cm x 14 cm x 13 mm
- Holzleim, wasserfest
- Nägel, rostfrei, 25 mm lang
- 25–30 Senkkopfschrauben, rostfrei, 30 mm lang
- 4,5 cm Rundholzstab, Ø 8 mm, für die Sitzstange
- Holzkitt, überstreichbar
- Sandpapier, 80er-Körnung
- Sprühfarbe auf Ölbasis, witterungsbeständig, in Schwarz und Mittelgrün
- Deko-Elemente nach Wahl: z.B. Kiefernrinde für das Dach, eine alte Gabel als Griff für die Öffnungsklappe, Treibholzstücke, Moos, Haken und Beschläge aus dem Baumarkt, ein alter Wasserhahn, dekorative Knöpfe
- Alleskleber, wasserfest, und kleine Schrauben zum Anbringen der Deko-Elemente
- Bastelfarbe, witterungsbeständig, in gebrochenem Weiß
- Klarlack auf Wasserbasis, witterungsbeständig
- Grundausstattung an Werkzeug (siehe Seite 132)

Größe
Nistkasten:
ca. 54,5 cm x 16 cm x 14 cm
Blumenkasten: 23 cm x 57 cm

Innenmaße
Bodenfläche: 11 cm x 14 cm
Raumhöhe: 25 cm
Höhe vom Boden bis zum Einflugloch: 20 cm
Einflugloch: Ø 32 mm

Holzzuschnitt
BLUMENKASTEN
Passen Sie die Maße gegebenenfalls Ihren Pflanzgefäßen an.
Boden: 53 cm x 14 cm (1 x)
Seitenwände (Längsseiten): 53 cm x 14 cm (2 x)
Seitenwände (Schmalseiten): 16,6 cm x 14 cm (2 x)
NISTKASTEN
Front: 45,5 cm x 14 cm (1 x)
Rückwand: 30 cm x 14 cm (1 x)
Seitenwände: 26,5 cm x 14 cm (2 x; 1 Seitenwand wird zur Öffnungsklappe)
Unterer Teil des Daches: 20 cm x 14 cm (2 x)
Oberer Teil des Daches: 14,5 cm x 14 cm (2 x)
Boden: 11 cm x 14 cm (1 x)

1 Die Seitenteile des Blumenkastens an die Bodenplatte leimen und nageln, dann Löcher vorbohren (siehe Seite 136) und 30 mm lange Schrauben eindrehen, um zusätzlich für Stabilität zu sorgen. Die Brettchen für die Schmalseiten auf die gleiche Weise an den Schmalseiten des Kastens anbringen. Mit einem 8-mm-Bohrer einige Ablauflöcher in den Boden des Kastens bohren.

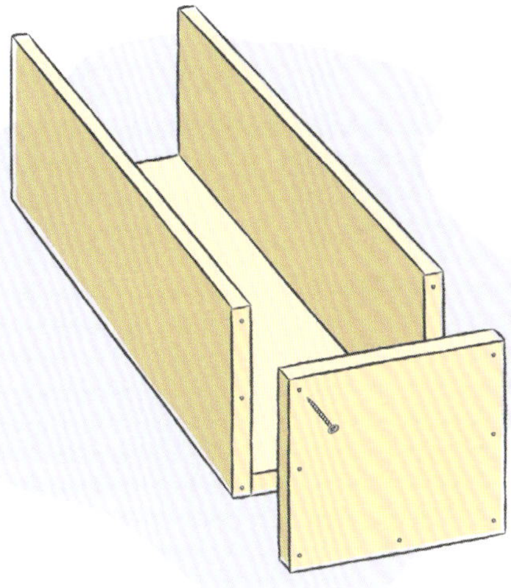

2 Die Innenseite des Blumenkastens mit witterungsbeständiger Farbe auf Ölbasis in Schwarz einsprühen und trocknen lassen.

3 Die Teile für den Nistkasten aus dem Zaunbrett zuschneiden und in Form sägen, wie beim Grundmodell auf Seite 8 beschrieben. Um die Platzierung des Einflugloches festzulegen, das Frontteil auf die Front des Blumenkastens legen. Mit Geodreieck und Bleistift auf der Rückseite der Nistkastenfront eine horizontale Linie auf Höhe der Oberkante des Blumenkastens anzeichnen. Ein 32 mm großes Einflugloch 21,5 cm oberhalb der Bleistiftlinie mittig bohren oder sägen.

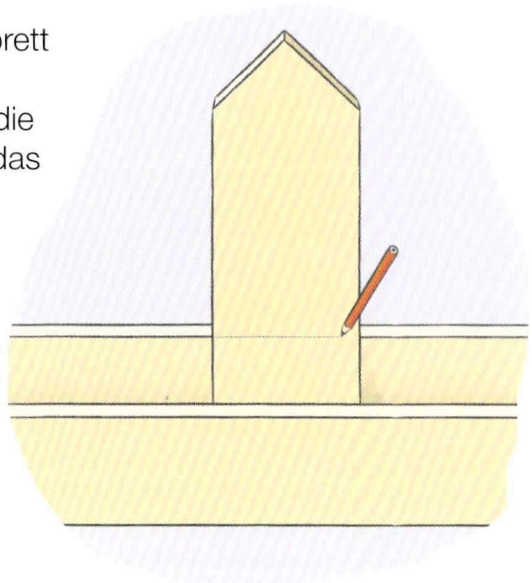

4 Den Nistkasten zusammenbauen und die Sitzstange einsetzen, wie beim Grundmodell beschrieben (siehe Seite 9/10, Schritt 1–9), dabei darauf achten, dass Front, Seitenwände und Rückwand oben übereinstimmen. Das Frontteil steht an der Unterkante über, damit es am Blumenkasten angebracht werden kann.

5 Blumenkasten und Nistkasten für den Anstrich vorbereiten (siehe Seite 10, Schritt 10). Dabei den Blumenkasten umdrehen, damit keine Farbe ins Innere des Kastens gelangt. Beide Teile mit mittelgrüner Farbe einsprühen.

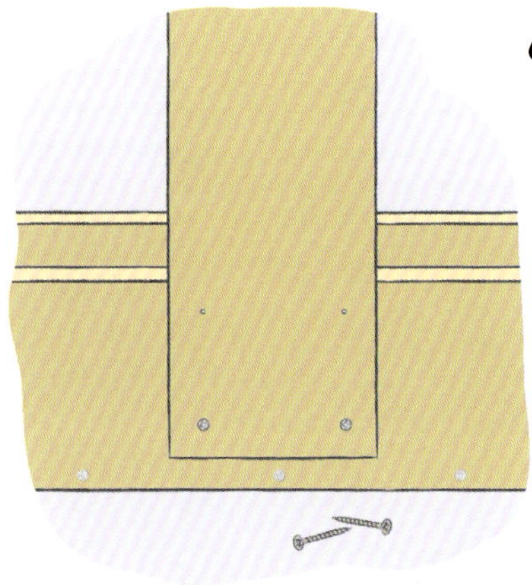

6 Mit einem 3-mm-Holzbohrer 4 Löcher in den unteren Teil der Nistkastenfront bohren (siehe Seite 136) und den Nistkasten mit 30 mm langen Schrauben an der Vorderseite des Blumenkastens befestigen.

7 Die gewünschten Deko-Elemente beliebig verteilt anbringen. Wenn Sie Bastelfarbe in 2 Grüntönen auftupfen, können Sie Metallteilen wie Schlüssellochabdeckungen und Haken künstlich die Patina alter Bronze verleihen.

8 Die Außenseite des Nistkastens und des Blumenkastens mit trockenem Pinsel und Bastelfarbe in gebrochenem Weiß gestalten, dabei die darunterliegende grüne Farbschicht durchschimmern lassen (überschüssige Farbe nötigenfalls mit einem Lappen abwischen). Nistkasten und Blumenkasten von außen transparent lackieren (siehe Seite 132).

9 Den Blumenkasten auf ein Wandbord stellen oder auf einen Pfosten mit 10 cm x 10 cm Querschnitt montieren und nach Belieben die Unterseite des Blumenkastens und die Seiten des Pfostens mit Holzornamenten verzieren.

Es ist immer wieder großartig, eine Verwendungsmöglichkeit für all die Dinge zu finden, die man einfach nicht wegwerfen konnte. Für diesen ungewöhnlich geformten Nistkasten habe ich S-Haken, Metallschrauben, Kunststoffkeile, einen überzähligen Handbohrer und Blechreste verwendet. Sie können diese Deko-Elemente auch weglassen und den Nistkasten an einer Rohrschelle aufhängen, wenn Sie möchten. An der Unterseite hat das Häuschen eine Reinigungsöffnung, die vom Pfostenträger verdeckt wird.

Pyramide

Material und Werkzeug

- 1 Zaunbrett, 180 cm x 14 cm x 13 mm
- Holzleim, wasserfest
- Vierkantholzleiste, 18 cm x 2,5 cm x 2,5 cm
- Nägel, rostfrei, 25 mm lang
- Holzkitt, überstreichbar
- Sandpapier, 80er-Körnung
- Sprühfarbe auf Ölbasis, witterungsbeständig, in Violett
- Klarlack auf Wasserbasis, witterungsbeständig
- 8 S-Haken, 38 mm lang
- 9 Metallschrauben, 15 mm lang
- 3 Päckchen Kunststoffkeile
- Drahtstifte, 20 mm lang
- Kehlblech aus Stahl (aus der Dachdeckerabteilung des Baumarktes), 12,5 cm x 18 cm
- 10 Holzschrauben (für das Blechdach), 20 mm lang
- 1 Handbohrer aus Metall, 4,5 cm lang, oder 4,5 cm Rundholzstab, Ø 8 mm, für die Sitzstange
- 1 Pfostenträger, 2,5 cm x 2,5 cm
- 4 Metallschrauben, rostfrei, 30 mm lang, für den Pfostenträger
- 4 Schraubenmuttern, passend zu den Schrauben für den Pfostenträger
- 1 Rohrstutzen, rostfrei, 2,5 cm x 15 cm
- 180 cm Metallrohr, rostfrei, Ø 38 mm
- 2 Armiereisen, 120 cm lang, Ø 8 mm
- Grundausstattung an Werkzeug (siehe Seite 132)

Größe

ca. 19 cm x 38 cm x 14 cm

Innenmaße

Bodenfläche: 11 cm x 25 cm
Raumhöhe: 12,5 cm
Höhe vom Boden bis zum Einflugloch: 10 cm
Einflugloch: Ø 25 mm

Holzzuschnitt

Front und Rückwand: 27,5 cm an der Basis, je 18,5 cm an den Schrägen (2 x)
Dach: 23 cm x 14 cm (2 x)
Boden: 31 cm x 14 cm (1 x)

1 2 Dreiecke für Front und Rückwand im 45°-Winkel vom geraden Ende des Zaunbretts absägen (siehe Grafik rechts). Ein 2,5 cm großes Einflugloch 4 cm unterhalb der Spitze mittig in die Front bohren oder sägen.

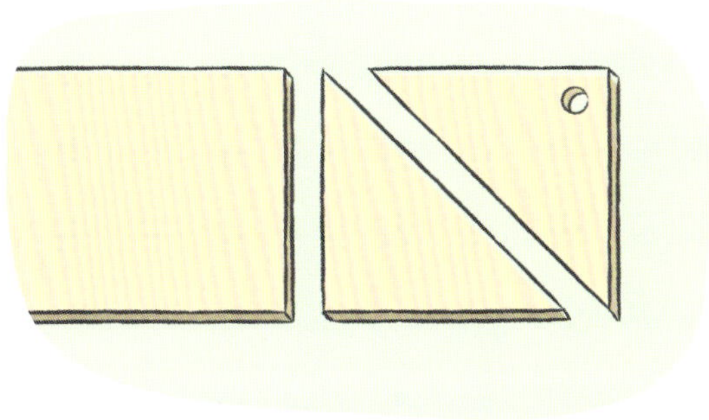

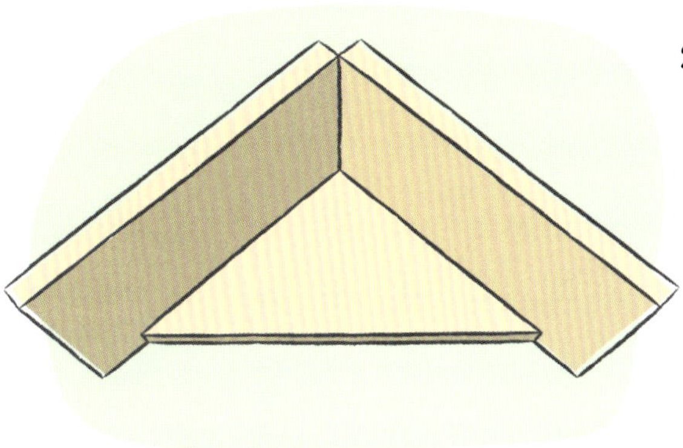

2 Die beiden Dachteile bündig mit der Rückseite an die schrägen Kanten der Rückwand leimen und nageln, dann die Front ebenfalls einleimen und annageln. Am Dachfirst bleibt eine V-förmige Lücke zwischen den Dachteilen.

3 Das Bodenteil an den Schmalseiten im 45°-Winkel auf Gehrung sägen. Ein Loch mit einem Durchmesser von 6,5 cm zum Reinigen des Nistkastens in den Boden bohren oder sägen. Den Boden an Front, Rückwand und Dachteile leimen und nageln.

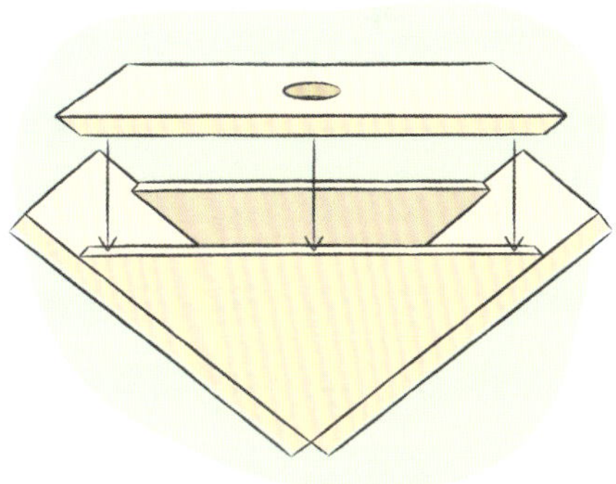

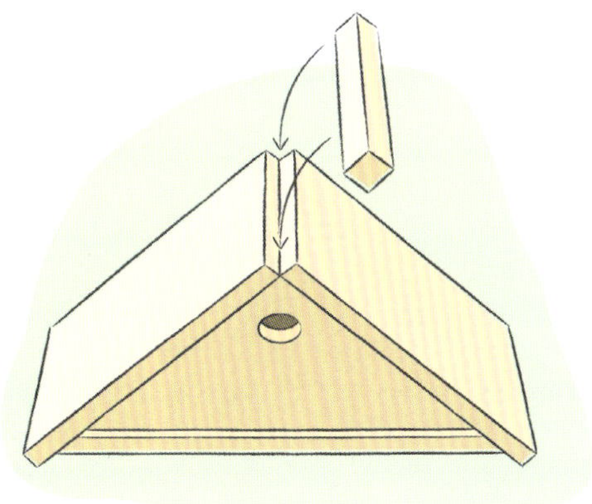

4 Ein 18 cm langes Stück Vierkantholzleiste (2,5 cm x 2,5 cm) als First so in die Lücke am Dach einleimen und annageln, dass das hintere Ende der Leiste mit der Rückwand bündig abschließt und das vordere Ende übersteht. (Die Nägel leicht schräg einschlagen, damit sie gut halten.)

5 Den Nistkasten für den Anstrich vorbereiten (siehe Seite 10, Schritt 10) und mit violetter Farbe einsprühen.

6 Das Loch des Pfostenträgers über dem Loch in der Bodenplatte platzieren. Mit einem 3-mm-Bohrer durch jedes Loch des Pfostenträgers ein Loch vorbohren. Den Pfostenträger mit Metallschrauben und 6-mm-Schraubenmuttern am Boden des Nistkastens befestigen, damit keine Schraubenspitzen ins Innere des Nistkastens ragen. Den 15 cm langen Rohrstutzen in den Pfostenträger einschrauben.

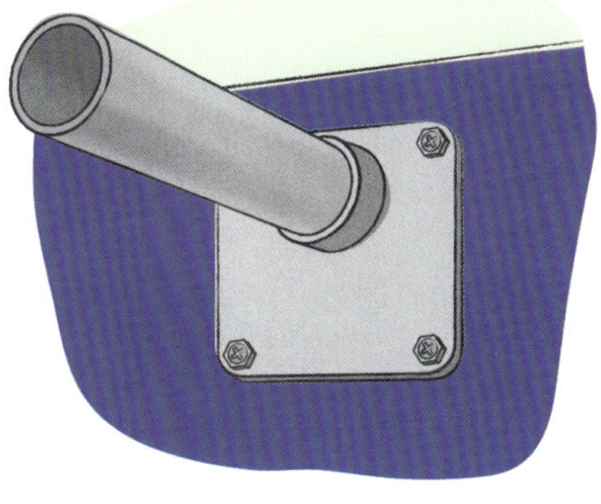

7 Die Möbelkeile am Dach anlegen und mit einer Allzweckschere auf die richtige Länge schneiden. Jede Reihe besteht aus 4 Keilen, die seitlich und unten leicht überstehen. In der Mitte einer Dachfläche beginnend die unterste Reihe mit wasserfestem Alleskleber aufkleben und mit 20 mm langen Nägeln zusätzlich befestigen. Weitere 3 Reihen Keile genauso anbringen, dabei mit jeder Reihe 4 cm über der vorhergehenden beginnen. Die oberste Reihe sollte bündig mit der Leiste am Dachfirst abschließen.

8 Für die Sitzstange habe ich einen Schraubendreher verwendet, den ich einmal mit dem Bausatz für ein Regal bekommen habe. Ich habe ganz einfach ein Loch in der richtigen Größe 2,5 cm unterhalb des Einfluglochs gebohrt und den Schraubendreher dort hineingehämmert. (Alternativ können Sie aber auch ein 4,5 cm langes Stück Rundholzstab verwenden.) Ein Loch in das quadratische Ende der Firstleiste bohren, eine Rändelmutter über das Loch legen und mit einer 40 mm langen Schraube anschrauben.

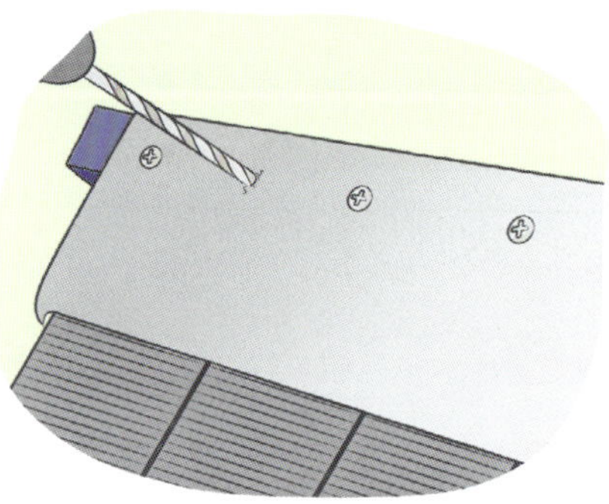

9 Die Ecken des Kehlblechs mit einer Spitzzange nach innen umbiegen, um die Verletzungsgefahr zu bannen. Das Blech über dem Dachfirst mittig biegen. Die Stellen für die Schrauben mit schwarzem Permanentmarker kennzeichnen. 1,5 cm von der Vorderkante des Daches entfernt beginnend, mit einem 1,5-mm-Bohrer Löcher im Abstand von 4 cm zueinander und von 2 cm zum Dachfirst durch das Blech vorbohren. Dieselben Löcher noch einmal mit einem 3-mm-Bohrer durchbohren und das Blech mit 20 mm langen Holzschrauben befestigen.

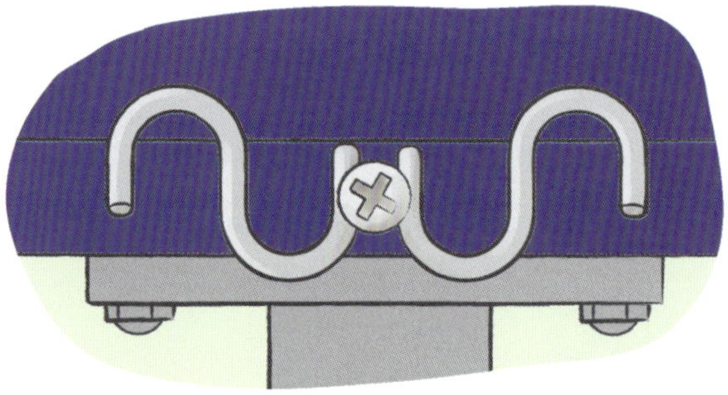

10 In der Mitte der Boden-Vorderkante mit einem 3-mm-Holzbohrer (bzw. einem Bohrer, der etwas dünner ist als das Gewinde der Schrauben) das 1. Loch vorbohren. Eine Metallschraube leicht eindrehen, dann beidseitig jeweils das Ende eines S-Hakens unter dem Schraubenkopf platzieren und die Schraube festziehen. Auf diese Weise alle S-Haken entlang der Vorderkante anschrauben.

11 Die farbigen Teile des Nistkastens transparent lackieren (siehe Seite 132). Der Lack darf die Schrauben und S-Haken an der Front überziehen, doch die Möbelkeile auf dem Dach müssen nicht lackiert werden.

12 Den Nistkasten auf einem rostfreien Metallrohr befestigen und mithilfe von 2 Armiereisen von 120 cm Länge im Garten aufstellen (siehe Seite 137).

Mit den baumelnden Kettenstücken erinnert dieser Nistkasten an eine alte Scheune, an der allerlei Werkzeug für die Bauernarbeit hängt, und erinnert mich daran, wie ich früher mit meinen Großeltern das Vieh nach Hause getrieben habe. Ich habe abgerissene Teile von der Kette einer Blumenampel verwendet – eine prima Gelegenheit, allerlei Schrott wiederzuverwerten! Ein natürliches Astloch im Holz dient als Einflugloch. Die Astlöcher sollten 2,5 bis 4 cm Durchmesser haben, damit Vögel in den Kasten schlüpfen und dort nisten können.

Trauerschnäpper (Ficedula hypoleuca)

Nistkasten mit Astloch

Material und Werkzeug

- 1 Zaunbrett, 180 cm x 19 cm x 13 mm, mit Astlöchern
- 1 Zaunbrett, 180 cm x 14 cm x 13 mm
- Holzleim, wasserfest
- Nägel, rostfrei, 25 mm lang
- Sandpapier, 80er-Körnung
- 2 Senkkopfschrauben, rostfrei, 30 mm lang, für die Öffnungsklappe
- 2 Senkkopfschrauben, rostfrei, 60 mm lang
- 5 schwarze Schrauben, 20 mm lang, für die Deko-Elemente
- ca. 100 cm Metallkette in Schwarz mit kleinen Kettengliedern
- Klarlack auf Wasserbasis, witterungsbeständig
- Grundausstattung an Werkzeug (siehe Seite 132)

Größe

ca. 35,5 cm x 23 cm x 23 cm

Innenmaße

Bodenfläche: 16 cm x 14 cm
Raumhöhe: 30 cm
Höhe vom Boden bis zum Einflugloch: 20 cm
Einflugloch: Ø 25–40 mm

Holzzuschnitt

Front und Rückwand: 33,5 cm x 19 cm (2 x: je 1 x mit und 1 x ohne Astloch)
Rechte Seitenwand: 21,5 cm x 14 cm (1x = Öffnungsklappe)
Linke Seitenwand: 33,5 cm x 14 cm (1 x)
Boden: 16 cm x 14 cm (1 x)
Flachdach: 19 cm x 11,5 cm (1 x)
Pultdach: 17,5 cm x 19 cm (1 x)
Imitierte Tür: 17,5 cm x 7,5 cm (1 x mit Astloch in der Mitte)
Vordach: 6,5 cm x 11,5 cm (1 x)

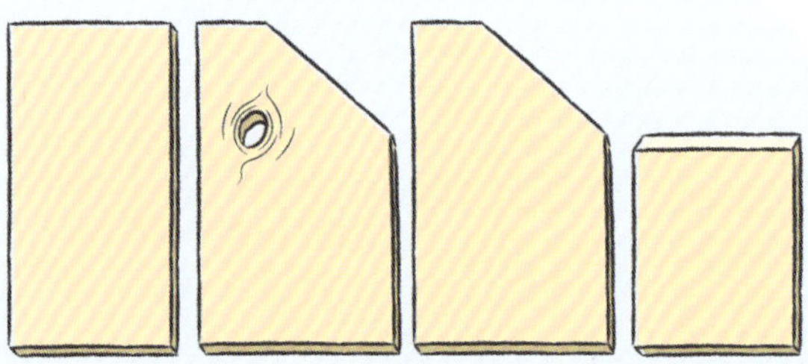

1 Suchen Sie sich an dem Zaunbrett für die Front ein Astloch, das an der richtigen Stelle, leicht seitlich versetzt, liegt. Das Frontteil so absägen, dass die Unterkante 21,5 cm unterhalb des Astlochs liegt. Gegebenenfalls den Rest des Astes vorsichtig aus dem Loch entfernen. Ideal ist ein Brett, bei dem das Astloch bereits frei ist oder der Ast so locker sitzt, dass er ohne Säge herausgedrückt werden kann. Die Rückwand aus einem Teil des Brettes ohne Astloch sägen. Mithilfe eines Geodreiecks einen Punkt 7,5 cm vom linken Rand entfernt an der Oberkante von Front und Rückwand markieren und von dort aus im 45°-Winkel zur rechten Kante sägen. Die abgesägten Holzdreiecke aufbewahren. Eine Schmalseite der rechten Seitenwand im 45°-Winkel auf Gehrung sägen. Die linke Seitenwand nicht abschrägen.

2 Boden und Wände des Nistkastens zusammenbauen, wie beim Grundmodell beschrieben (siehe Seite 9, Schritt 2–4).

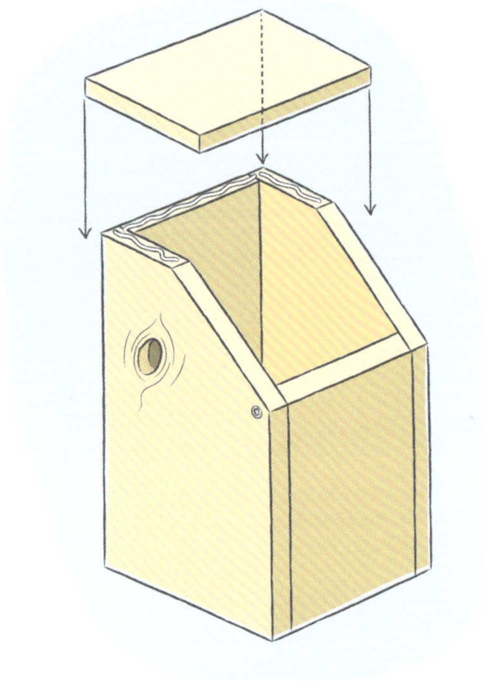

3 Das Flachdach so aufleimen und annageln, dass es bündig mit der Rückwand und mit der linken Seitenwand abschließt und an der Öffnungsklappe ca. 4 cm und an der Front ca. 1,5 cm übersteht.

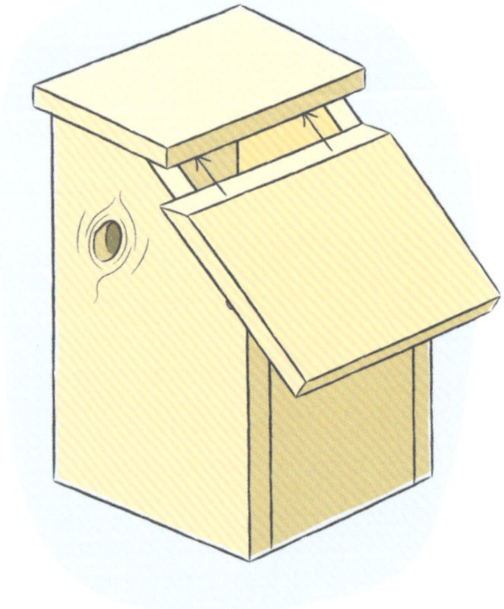

4 Eine Schmalseite des Pultdachs im 45°-Winkel auf Gehrung sägen und das Dach mit der abgeschrägten Kante nach oben unter dem Flachdach anleimen und -nageln.

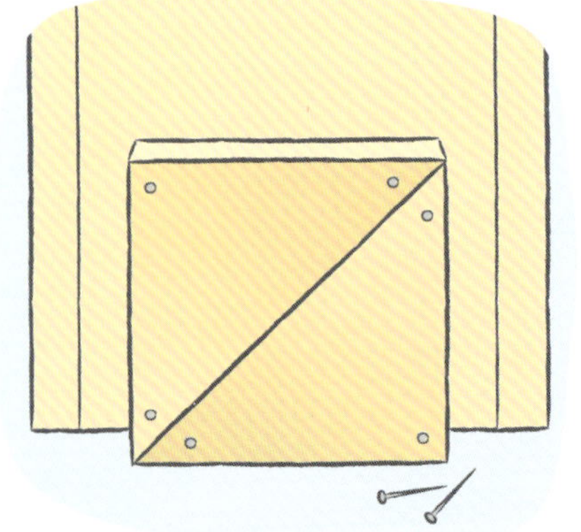

5 Die abgesägten Dreiecke von Front und Rückwand zu einem Quadrat anordnen und als Griff an die Öffnungsklappe leimen und nageln. Nach Belieben von der Innenseite der Klappe her 2 Schrauben (30 mm lang) durch Klappe und Dreiecke eindrehen, um die Holzteile noch sicherer zu verbinden.

6 Die Öffnungsklappe abnehmen. Mit einem 3-mm-Holzbohrer 2 Löcher in die der Öffnungsklappe gegenüberliegende Wand bohren und 2 Senkkopfschrauben (60 mm lang) eindrehen, mit denen sich der Nistkasten an einem Baum oder Pfosten befestigen lässt.

7 Von beiden Enden des Teils für die imitierte Tür jeweils eine 6 mm starke Leiste absägen. Die „Tür" ca. 2,5 cm von der rechten Kante entfernt und bündig mit der Unterkante auf die Front des Nistkastens leimen und nageln. Mit einem 1,5-mm-Holzbohrer je ein winziges Loch in beide Enden der abgesägten Leisten bohren. Je 1 Leiste über und unter dem Astloch in der „Tür" aufleimen und vorsichtig je 1 Nagel (25 mm lang) zur zusätzlichen Befestigung an den vorgebohrten Stellen einschlagen.

8 Eine Längsseite des Vordachs im 45°-Winkel auf Gehrung sägen. Das Vordach über dem Einflugloch an die Front leimen und nageln.

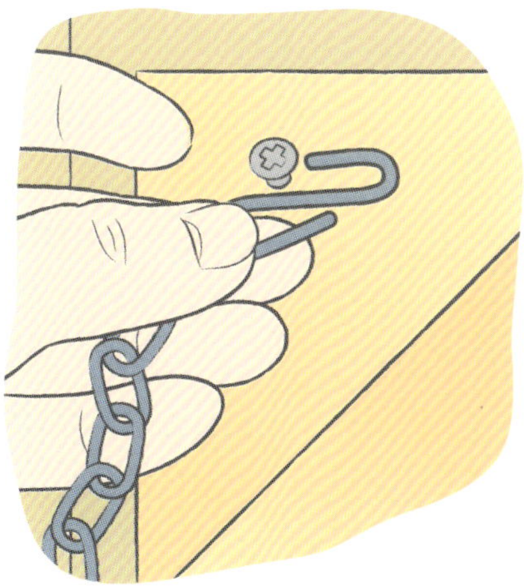

9 Entscheiden Sie, wo Sie die Zierkettchen anbringen wollen. Mit einem 3-mm-Holzbohrer an jedem Befestigungspunkt ein Loch vorbohren. Eine 20 mm lange schwarze Schraube an der vorgebohrten Stelle ein Stück weit eindrehen, ein Kettenglied aufbiegen, um die Schraube legen, wieder zusammendrücken und mit der Schraube befestigen.

10 Das Einflugloch mit zerknülltem Papier ausstopfen oder mit Klebeband abkleben und den Nistkasten von außen transparent lackieren (siehe Seite 132).

11 Mit einem 8-mm-Holzbohrer ein Abflussloch in die Mitte der Bodenplatte sowie mehrere Belüftungslöcher direkt unter dem Dachüberstand in die Öffnungsklappe bohren, dabei den Bohrer schräg nach oben führen, damit kein Regenwasser durch die Löcher in den Kasten eindringen kann.

Unter „Upcycling“ versteht man das Wiederverwerten von Abfällen oder nutzlosen Dingen, wenn sie dadurch zu einem höherwertigen oder ökologisch sinnvolleren neuen Produkt werden. Für diesen Nistkasten habe ich Weinkorken aller Provenienzen verwendet, die ich schätze. Als Kamin dient ein Cognac-Korken, und sogar der Griff der Öffnungsklappe ist ein Korken.

Weinklause

Material und Werkzeug

- 1 Zaunbrett, 180 cm x 14 cm x 13 mm
- Holzleim, wasserfest
- Nägel, rostfrei, 25 mm lang
- 5 Senkkopfschrauben, rostfrei, 40 mm lang
- 2 Senkkopfschrauben, rostfrei, 30 mm lang
- 1 Cognac-Korken für den Kamin
- 1 Rohrschelle mit 2 Löchern, Ø 25 mm
- 2 Holzschrauben, 20 mm lang, für die Rohrschelle
- Holzkitt, überstreichbar
- Sandpapier, 80er-Körnung
- Sprühfarbe auf Ölbasis, witterungsbeständig, in Grün
- Bastelfarbe, witterungsbeständig, in Braun
- ca. 95 Weinkorken (einige davon werden halbiert)
- künstliche Trauben
- 75 cm dicker Bindedraht
- 8 Stücke Treibholz, 5–18 cm lang
- Moos
- Silikonkleber, wasserfest, transparent
- Grundausstattung an Werkzeug (siehe Seite 132)

Größe

ca. 30 cm x 28 cm x 18 cm

Innenmaße

Bodenfläche: 11 cm x 14 cm
Raumhöhe: 23 cm
Höhe vom Boden bis zum Einflugloch: 15 cm
Einflugloch: Ø 40 mm

Holzzuschnitt

Front und Rückwand: 23,5 cm x 14 cm (2 x)
Seitenwände: 16 cm x 14 cm (2 x; 1 Seitenwand wird zur Öffnungsklappe)
Unterer Teil des Daches: 13 cm x 14 cm (2 x)
Oberer Teil des Daches: 14,5 cm x 14 cm (1 x)
Boden: 11 cm x 14 cm (1 x)
Grundplatte mit Veranda: 26,5 cm x 14 cm (1 x vom oberen Ende des Zaunbretts mit den abgeschrägten Ecken absägen)

1 Die Holzteile für den Nistkasten aus dem Zaunbrett zuschneiden und in Form sägen, wie beim Grundmodell beschrieben (siehe Seite 8). Ein 40 mm großes Einflugloch 16,5 cm oberhalb der Unterkante mittig in die Front bohren oder sägen.

2 Den Nistkasten zusammenbauen, wie beim Grundmodell beschrieben (siehe Seite 9/10, Schritt 2–8).

3 Für den „Kamin-Korken“ ein 3 mm großes Loch direkt unterhalb des Dachfirsts ins Dach bohren. Eine 40 mm lange Schaube von der Unterseite her durch das Dach nach außen schrauben.

CHARLES SHAW
COLUMBIA CREST
GHOST PINES
Douglass
CHARIOT
PASO CREEK
DOWN UNDER
RENWOOD
white truck
GHOST PINES
RENWOOD
redtruck
BERINGER

4 Mit einer Handsäge den Korken für den Kamin im 45°-Winkel absägen. Wasserfesten Holzleim auf die Unterseite des Korkens und rund um die Schraube auftragen und den Korken aufschrauben, bis er bündig mit dem Dach abschließt. Überschüssigen Leim abwischen.

5 Die Rohrschelle (Ø 25 mm) als Aufhängevorrichtung an den Dachfirst schrauben (siehe Seite 138).

6 Den Nistkasten für den Anstrich vorbereiten (siehe Seite 10, Schritt 10). Die Außenseiten des Nistkastens und beide Seiten der Grundplatte mit grüner Farbe einsprühen.

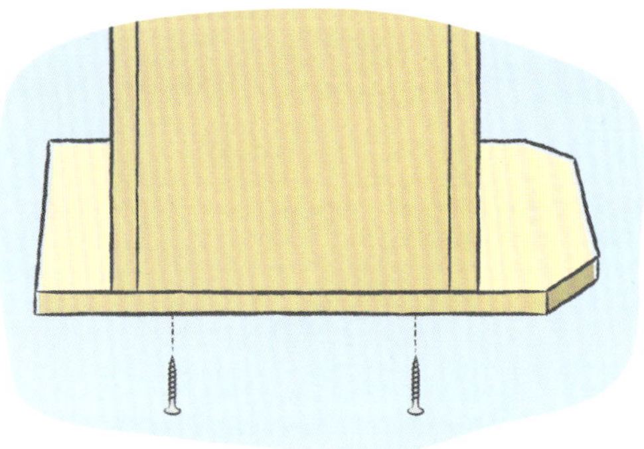

7 Mit einem 3-mm-Holzbohrer 2 Löcher in die Grundplatte bohren und den Nistkasten mit 30 mm langen Schrauben darauf befestigen, sodass die Grundplatte hinten 4 cm über den Nistkasten hinaussteht. Die Seite des Zaunbretts mit den abgeschrägten Ecken ragt vorne unter dem Nistkasten hervor.

8 Die Öffnungsklappe abnehmen. Mit einem 3-mm-Holzbohrer von der Rückseite her ein Loch in die Öffnungsklappe bohren und eine 30 mm lange Schraube eindrehen. Einen Weinkorken als Griff aufschrauben.

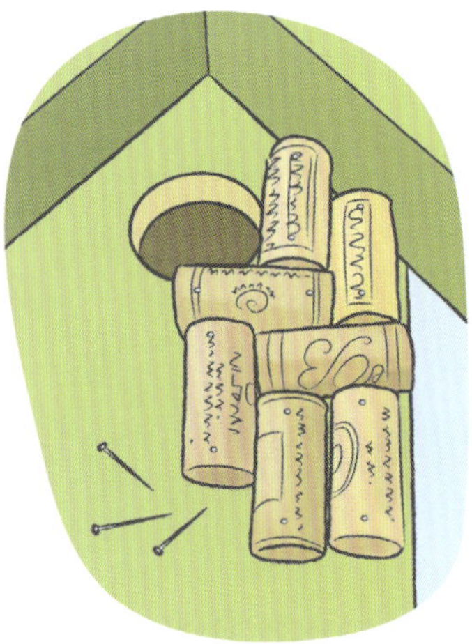

9 Mit wasserfestem Leim ganze Korken auf der Front des Nistkastens befestigen und anschließend 6 mm von beiden Enden entfernt annageln. Falls nötig, einzelne Korken mit einer Handsäge abschrägen oder so zuschneiden, dass sie sich an engen Stellen einpassen lassen. Kleine Korkstücke, die überstehen oder sich als Hindernis erweisen, können Sie mit einer Allzweckschere abschneiden. Vorsichtig Korkverzierungen in alle Lücken einsetzen.

10 Eine kleine, künstliche Traube als zusätzliche Dekoration auf die Veranda kleben und mit ein oder zwei Korken zu einem hübschen Stillleben arrangieren.

11 Halbe Korken auf die Öffnungsklappe des Nistkastens leimen und nageln. Achtung! Keine Korken auf die Seitenkanten der anderen Wände nageln, damit sich die Klappe noch öffnen lässt. Die Klappe probehalber öffnen und schließen, um sicherzugehen, dass kein Leim in die Ritzen der Klappe eingedrungen ist und dass Sie nicht versehentlich die Klappe zugenagelt haben.

12 6 ganze Korken vertikal auf den Überstand der Grundplatte am hinteren Ende leimen und nageln. Einen 7. Korken horizontal darüber befestigen. Das Dach so mit verdünnter Bastelfarbe in Braun (Verhältnis 1:3) streichen, dass die grüne Farbe darunter hervorschimmert. Die Farbe trocknen lassen. Den Nistkasten transparent lackieren (siehe Seite 132) und wieder trocknen lassen.

13 Mit einem 3-mm-Bohrer 3 Löcher in ein 15 cm langes Stück Treibholz bohren: eines in die Mitte des Stabes und je eines im Abstand von 4 cm zu den Enden. Ein Stück Draht durch die Löcher fädeln (siehe Grafik rechts). An einem Ende den Draht noch einmal durch das oberste Loch führen, sodass eine Aufhängeschlaufe entsteht, dann den Draht mit einer Zange verdrillen, um die Schlaufe zu sichern.

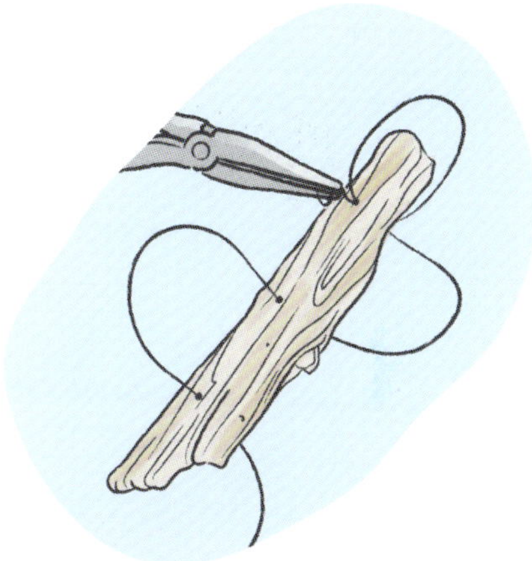

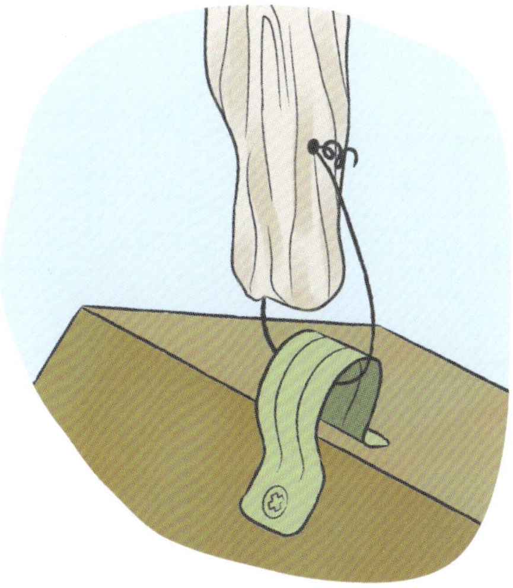

14 Das andere Drahtende durch die Rohrschelle am Dach des Nistkastens führen, zur Schlinge formen und sichern, wie oben beschrieben.

15 Etwas Moos auf die Veranda an der Front des Häuschens leimen und andrücken. Auch die Vorderkante des Daches mit Moos dekorieren und Treibholzstücke daraufnageln. Ein oder zwei Treibholzstücke auf die vordere Veranda leimen und nageln. Mit Silikonkleber ein weiteres Stück Treibholz darüber befestigen, um die Nagellöcher zu verdecken.

4. Kapitel

Außergewöhnliche Nistkästen

Wenn Sie erst einmal die Welt der Holzarbeiten für sich entdeckt haben, könnten Sie sich ruhig an einen außergewöhnlichen Nistkasten wagen, um Ihre Gartenlandschaft zu verschönern. Versuchen Sie sich doch einmal an einer Kirche oder einem Schiff oder an einem Häuschen, das in Form und Farbe Ihrem Lieblingsvogel ähnelt. Wer sagt denn, dass Nistkästen nur langweilige Kisten sein müssen?

Ein einfaches Haus für kleine Höhlenbrüter: Dieser Nistkasten kann einfach an einem Dachsparren der Veranda aufgehängt werden. Obwohl das Häuschen klein wirkt, hat der Raum, in dem die Vögel ihr Nest bauen, die perfekte Größe. Belüftungslöcher in beiden Seitenwänden und in der Rückwand dienen auch als Ablauföffnungen. Eine Seitenwand lässt sich zum Reinigen öffnen, bleibt aber durch eine Schraube gesichert, solange die Vögel im Kasten nisten.

Hängewürfel

Material und Werkzeug

- 1 Zaunbrett, 180 cm x 14 cm x 13 mm
- Holzleim, wasserfest
- Nägel, rostfrei, 25 mm lang
- 3 Senkkopfschrauben, rostfrei, 30 mm lang
- Sandpapier, 80er-Körnung
- Holzkitt, überstreichbar
- 4,5 cm Rundholzstab, Ø 8 mm, für die Sitzstange
- Sprühfarbe auf Ölbasis, witterungsbeständig, in Lindgrün
- Bastelfarbe, witterungsbeständig, in Dunkelbraun und Dunkelgrün
- Klarlack auf Wasserbasis, witterungsbeständig
- 2 große Kettenblieder
- 1 Stück Metallkette, 12 cm lang
- 1 Rohrschelle mit 2 Löchern, Ø 25 mm
- 2 Holzschrauben, 25 mm lang, zum Anbringen der Rohrschelle
- Grundausstattung an Werkzeug (siehe Seite 132)

Größe

ca. 27,5 cm x 22 cm x 14 cm

Innenmaße

Bodenfläche: 15 cm x 10 cm
Raumhöhe: 15 cm
Höhe vom Boden bis zum Einflugloch: 10 cm
Einflugloch: Ø 32 mm

Holzzuschnitt

Front und Rückwand:
14 cm x 14 cm (2 x)
1. Dachteil:
14 cm x 19 cm (1 x)
2. Dachteil:
14 cm x 19,5 cm (1 x)
Linke Seitenwand:
12 cm x 10 cm (1 x)
Rechte Seitenwand:
13,5 cm x 10 cm
(1x = Öffnungsklappe)

Kohlmeise
(Parus major)

1 Die Holzteile für den Nistkasten aus dem Zaunbrett zuschneiden und in Form sägen. Die Front so drehen, dass sie als Rhombus auf der Spitze steht. Ein 32 mm großes Einflugloch 4,5 cm von der oberen Spitze entfernt mittig in die Front bohren oder sägen.

2 Das längere Dachteil auf eine Schmalseite des kürzeren leimen und nageln. Die Rückwand bündig an die Innenseite des Daches leimen und durch die Außenseite des Daches hindurch annageln. An jeder Ecke, an der die Rückwand auf das Dach trifft, 10 cm am Dach entlang abmessen und mit einer Bleistiftlinie markieren, wo die Front an der Unterseite des Daches angesetzt wird.

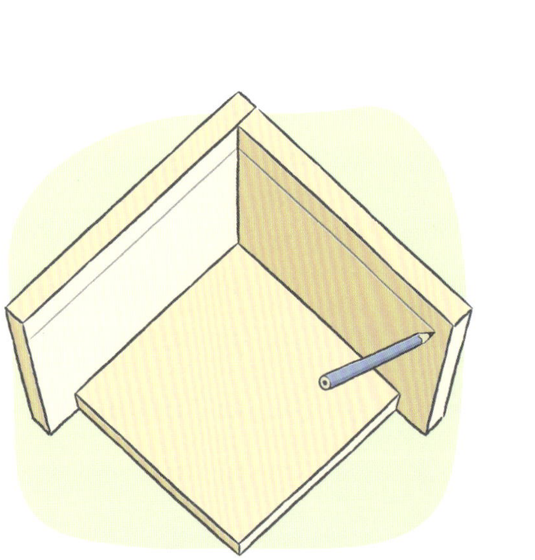

3 Das Frontteil anleimen und durch die Außenseite des Daches hindurch annageln. Das Dach steht vorne etwas über die Front hinaus.

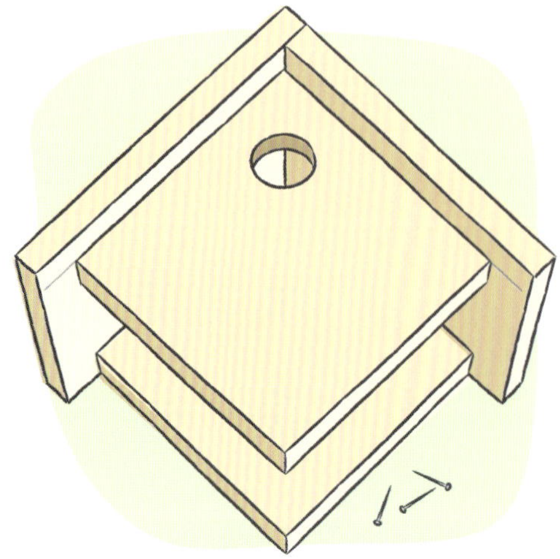

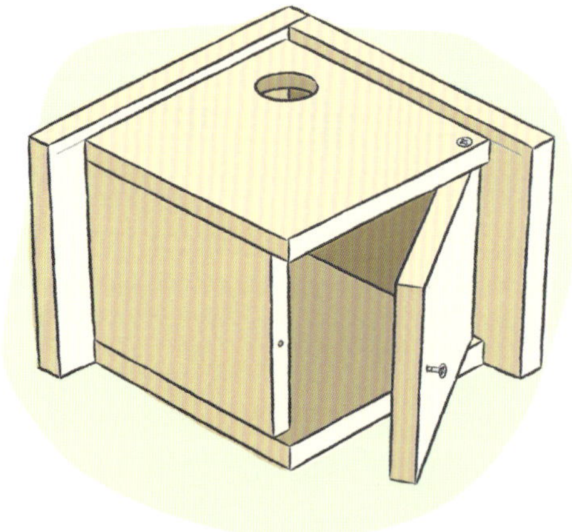

4 Die linke Seitenwand an die Innenkanten von Front und Rückwand leimen und nageln. Mit einem 3-mm-Holzbohrer je 1 Loch durch die rechte Ecke von Front und Rückwand vorbohren (siehe Seite 136) und die rechte Seitenwand (= Öffnungsklappe) mit 30 mm langen Schraubenanschrauben. Da diese Öffnungsklappe schräg nach unten weist, muss sie mit einer 30-mm-Schraube durch die Unterkante in die Kante der linken Seitenwand gesichert werden, während die Vögel nisten. Soll das alte Nest entnommen werden, lässt sich diese Schraube leicht lösen.

5 In die Front 2,5 cm unterhalb des Einfluglochs ein Loch für die Sitzstange bohren und das Stück Rundholzstab einsetzen (siehe Seite 10, Schritt 9). Mit einem 5-mm-Holzbohrer unterhalb der Dachkanten Belüftungs- und Ablauflöcher bohren, dabei den Bohrer schräg nach oben führen, damit kein Regenwasser eindringen kann.

6 Den Nistkasten für den Anstrich vorbereiten (siehe Seite 10, Schritt 10) und mit grauer Sprühfarbe grundieren. Die Farbe trocknen lassen, dann die Wände des Nistkastens mit lindgrüner Farbe einsprühen. Die Farbe trocknen lassen.

7 Das Dach mit dunkelbrauner, witterungsbeständiger Farbe streichen. Solange die Farbe feucht ist, dunkelgrüne Farbe in ungleichmäßigen Strichen auftragen. Die Farben trocknen lassen. Den Nistkasten von außen transparent lackieren (siehe Seite 132).

8 Je 1 großes Kettenglied an beiden Enden einer 12 cm langen Kette befestigen. (Sie können aber auch Ihren Eisenwarenhändler um die Ecke bitten, einen Aufhänger mit Kette anzufertigen.) Ein großes Kettenglied in eine Rohrschelle (Ø 2,5 cm) einhängen und die Rohrschelle an das Dach des Nistkastens schrauben (siehe Seite 138).

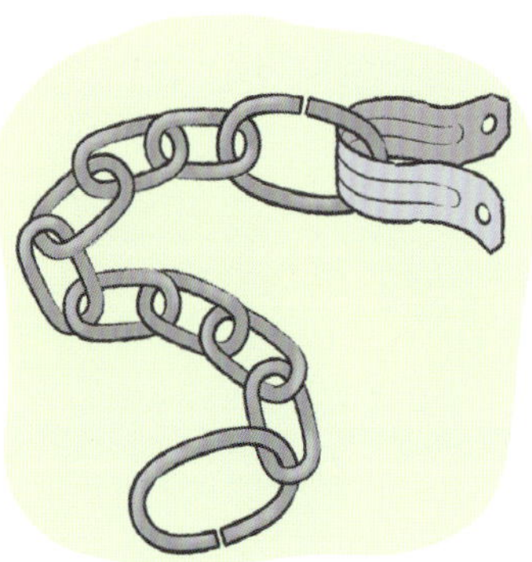

9 Nach Belieben die Rohrschelle mit brauner Farbe anmalen und trocknen lassen.

Dies ist ein hübsches Projekt, an dem die ganze Familie mitarbeiten kann. Außerdem erfahren Ihre Kinder dabei Einiges über die Vögel im Garten. Welches Kind würde nicht mit Begeisterung solch ein reizendes Haus anfertigen, in dem Vögel ihr Nest bauen und ihre Jungen aufziehen können?

Blüten und Marienkäfer

Material und Werkzeug

- 1 Zaunbrett, 180 cm x 14 cm x 13 mm
- Holzleim, wasserfest
- Nägel, rostfrei, 25 mm lang
- 2 Senkkopfschrauben, rostfrei, 30 mm lang
- 1 Rohrschelle mit 2 Löchern, Ø 25 mm
- 2 Holzschrauben, 25 mm lang, zum Anbringen der Rohrschelle
- Holzkitt, überstreichbar
- Sandpapier, 80er-Körnung
- Holzgrundierungsfarbe, witterungsbeständig, in Grau
- Sprühfarbe auf Ölbasis, witterungsbeständig, in Rosa
- Bastelfarbe, witterungsbeständig, in Dunkelblau, Leuchtendblau, Elfenbein, Hellgrün, Dunkelgrün, Zitronengelb, Schwarz und Dunkelbraun
- Marienkäfer-Pins (alternativ Streudeko-Marienkäfer zum Aufkleben)
- Alleskleber, wasserfest
- Möbelknopf aus Glas, Ø 2,5–4 cm
- 4,5 cm Rundholzstab, Ø 8 mm, für die Sitzstange
- Klarlack auf Wasserbasis, witterungsbeständig
- Grundausstattung an Werkzeug (siehe Seite 132)

Größe

ca. 28 cm x 17 cm x 14 cm

Innenmaße

Bodenfläche: 11 cm x 14 cm
Raumhöhe: 20 cm
Höhe vom Boden bis zum Einflugloch: 15 cm
Einflugloch: Ø 32 mm

Holzzuschnitt
Front und Rückwand: 23 cm x 14 cm (2 x)
Seitenwände: 16 cm x 14 cm (2x; 1 Seitenwand = Öffnungsklappe)
Unterer Dachteil: 20 cm x 14 cm (2 x)
Oberer Dachteil: 14,5 cm x 14 cm (2 x)
Boden: 11 cm x 14 cm (1 x)

1 Die Holzteile für den Nistkasten aus dem Zaunbrett zuschneiden und in Form sägen, wie beim Grundmodell beschrieben (siehe Seite 8). Ein 32 mm großes Einflugloch 16,5 cm über der Unterkante mittig in die Front bohren oder sägen.

2 Den Nistkasten zusammenbauen und für den Anstrich vorbereiten, wie beim Grundmodell beschrieben (siehe Seite 9/10, Schritt 2–8).

3 Eine Rohrschelle (Ø 25 mm) als Aufhängevorrichtung an das Dach schrauben (sieh Seite 138).

4 Den Nistkasten von außen (einschließlich Unterseite) mit grauer Farbe grundieren und trocknen lassen. Über der Grundierung eine beliebige witterungsbeständige Farbe auftragen; ich habe ein leuchtendes Rosa verwendet. Keine Sorge, wenn die Grundierung hie und da durchschimmert: Das sieht cool aus und verleiht dem Nistkasten eine „antike", verwitterte Optik. Das Dach mit dunkelbrauner, witterungsbeständiger Farbe streichen.

5 Beim Bemalen dieses Nistkastens wurde eine spezielle Technik mit 2 Farben auf dem Pinsel angewendet. Tupfen Sie die eine Hälfte der Pinselspitze in eine Farbe und die andere Hälfte in die zweite Farbe. (Am besten auf Schmierpapier üben!) Zuerst mit einem 2 cm breiten Pinsel und den Farben Hell- und Dunkelgrün lange Stängel rund um die Basis des Nistkastens malen. Dann dasselbe mit einem 12 mm breiten Pinsel und den Farben Zitronengelb und Hellgrün wiederholen, diesmal jedoch weniger Pinselstriche arbeiten. Zuletzt mit einem langen, feinen Pinsel längere Linien in Dunkelgrün und Zitronengelb malen; die Zahl der langen Stängel soll auf jeder Seite des Häuschens ungerade sein.

6 Nun blaue Farbe auf einen 12 mm breiten Pinsel nehmen: Dunkelblau vorne und Hellblau hinten. Die dunkelblaue Seite zuerst aufsetzen, dann anheben und auf diese Weise einen Kreis aus Blütenblättern rund um eine leere Mitte malen. Auf jeder Seite des Häuschens 3–5 Blüten (oder nach Belieben mehr) malen.

7 Mit einem feinen, dünnen Pinsel die Blütenzentren mit schwarzer Farbe füllen. Solange die Farbe noch feucht ist, Linien nach außen ziehen, sodass spinnenartige Blütenzentren entstehen. Mit einem langen, feinen Pinsel zitronengelbe Linien auf die Blüten malen, um ihnen mehr Tiefe zu verleihen.

8 Mit einem 1,5-mm-Bohrer für jeden Marienkäfer-Pin ein kleines Loch vorbohren und mit einem 8-mm-Bohrer diese Löcher rundum ein wenig erweitern. Wasserfesten Alleskleber auf die Löcher auftragen und die Marienkäfer platzieren. Mit einem Schlichthammer die Pins vorsichtig ins Holz klopfen. 3–5 Käfer auf der Front anbringen, nach Belieben weitere auf die Seitenwände verteilen.

9 Mit einem 5-mm-Bohrer die Öffnungsklappe von hinten durchbohren und den Möbelknopf anschrauben. Ich habe ihn leicht nach außen versetzt angebracht, um die Optik ein wenig interessanter zu gestalten.

10 Ein Loch für die Sitzstange bohren und das Stück Rundholzstab einsetzen (siehe Seite 10, Schritt 9). Die Sitzstange passend zu den Blumen anmalen. Den Nistkasten von außen transparent lackieren (siehe Seite 132).

Ein Vogel-Haus im wahrsten Sinne des Wortes: Diesem attraktiven und sehr originellen Nistkasten können Sie durch die Farbgebung die Optik Ihres Lieblingsvogels verleihen. Er ist auf ein Metallrohr montiert und hat am Hinterende sowie vorne direkt unter dem Schnabel Belüftungslöcher.

Vogel-Haus

Rotkehl-Hüttensänger (Sialia sialis)

Material und Werkzeug

- 2 Zaunbretter, 180 cm x 19 cm x 13 mm
- 1 Zaunbrett, 180 cm x 14 cm x 13 mm
- 4,5 cm Rundholzstab, Ø 8 mm, für die Sitzstange
- Sandpapier, 80er-Körnung
- Holzleim, wasserfest
- Nägel, rostfrei, 25 mm lang
- Sprühfarbe auf Ölbasis, witterungsbeständig, in Mittelblau
- Bastelfarbe, witterungsbeständig, in Orange, Hellblau, Hellgrau und Schwarz
- 9 Senkkopfschrauben, rostfrei, 30 mm lang
- Klarlack auf Wasserbasis, witterungsbeständig
- 180 cm Metallrohr, rostfrei, Ø 38 mm
- 1 Pfostenträger mit Rohrverbindungsstück, 2,5 cm x 15 cm
- 4 Metallschrauben, rostfrei, 30 mm lang, für den Pfostenträger
- 4 Schraubenmuttern, passend zu den Schrauben für den Pfostenträger
- 1 Rohrstutzen, rostfrei, Ø 2,5 cm, 15 cm lang
- 2 Armiereisen, 120 cm lang, Ø 8 mm
- Grundausstattung an Werkzeug (siehe Seite 132)

Größe

ca. 25 cm x 50 cm x 19,5 cm

Innenmaße

Bodenfläche: 33 cm x 14 cm
Raumhöhe: 17 cm
Höhe vom Boden bis zum Einflugloch: 15 cm
Einflugloch: Ø 40 mm

Holzzuschnitt

Front und Rückwand: 35,5 cm x 7 cm x 20 cm x 7 cm x 27,5 cm (2 x aus dem 19 cm breiten Zaunbrett zuschneiden, wie in Schritt 1 beschrieben)
Deckplatte: 33 cm x 14 cm (1 x vom geraden Ende des 14 cm breiten Zaunbretts absägen)
Schnabel: 9 cm x 14 cm (1 x vom oberen Ende des 14 cm breiten Zaunbretts mit den abgeschrägten Ecken absägen)
Hinterteil: 25 cm x 14 cm (1 x aus dem 14 cm breiten Zaunbrett)
Boden: 6,5 cm x 14 cm (1 x aus dem 14 cm breiten Zaunbrett)
Brust: 18,5 cm x 14 cm (1 x aus dem 14 cm breiten Zaunbrett)
Grundplatte: 15 cm x 19 cm (1 x aus dem 19 cm breiten Zaunbrett)
1. Dachteil: 40,5 cm x 19 cm (1 x vom geraden Ende des 19 cm breiten Zaunbretts absägen)
2. Dachteil: 12,5 cm x 19 cm (1 x vom oberen Ende des 19 cm breiten Zaunbretts mit den abgeschrägten Ecken absägen)
Flügel: 25 cm x 10 cm (1 x)

1 Die Front aus dem oberen Ende des 19 cm breiten Zaunbretts sägen. Das sieht ein bisschen kompliziert aus, ist aber ganz einfach: Vom unteren Ende einer schrägen Ecke 35,5 cm am Brett entlang abmessen und das Brett dort horizontal absägen. An beiden Enden des Stücks nun einen 45°-Winkel anzeichnen und entlang dieser Linien sägen (siehe Grafik rechts). Das Frontteil auf den Rest des Bretts legen, die Kontur umfahren und die Rückwand aussägen: Auf diese Weise entstehen 2 identische Teile.

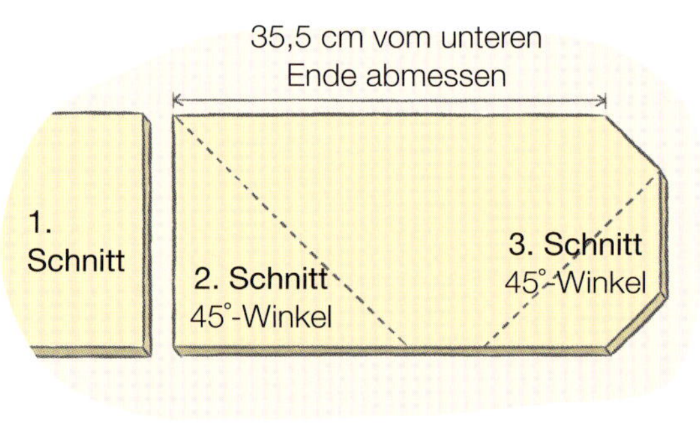

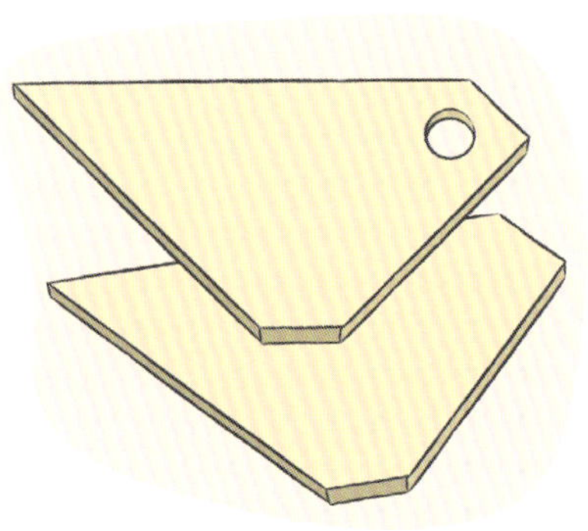

2 Ein 40 mm großes Einflugloch 4 cm unterhalb der Oberkante und 4 cm von der vorderen Spitze entfernt in die Front bohren oder sägen.

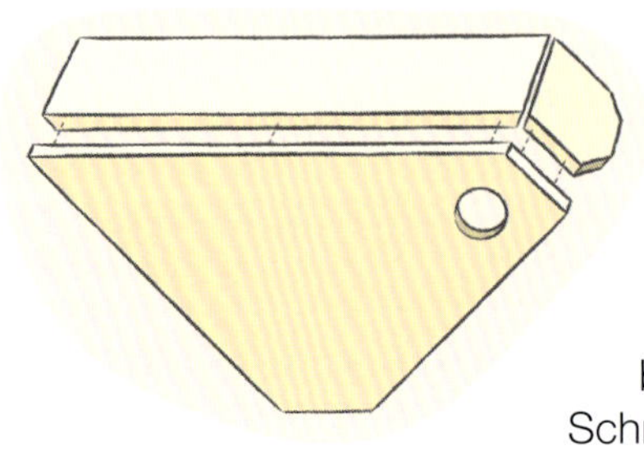

3 Eine Schmalseite der Deckplatte im 45°-Winkel, die andere im 22,5°-Winkel auf Gehrung sägen. Die Front so an die Deckplatte leimen und nageln, dass die 22,5°-Schräge an der Seite des Schnabels, die 45°-Schräge am Hinterende liegt. Die Rückwand auf dieselbe Weise an der Deckplatte befestigen. Die gerade Längsseite des Schnabelteils im 22,5°-Winkel auf Gehrung sägen und die abgeschrägte Kante unter das Vorderende der Deckplatte leimen und nageln.

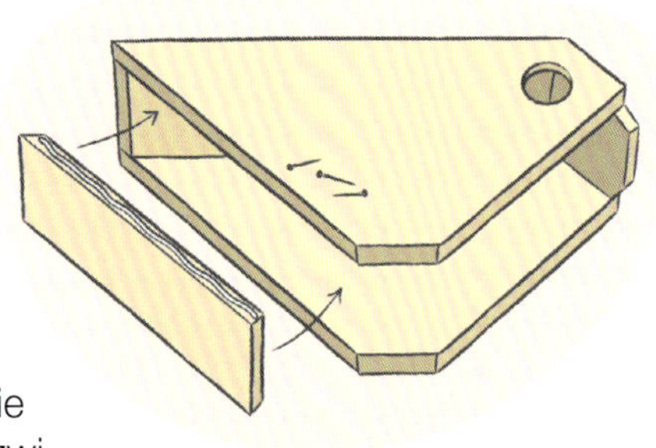

4 Eine Schmalseite des Hinterteils im 45°-Winkel, die andere im 22,5°-Winkel auf Gehrung sägen. Die Seitenkanten zwischen die rückwärtigen Kanten von Front und Rückwand einleimen und annageln, die 45°-Schräge an die hintere Schmalseite der Deckplatte leimen und nageln. Die 22,5°-Kante des Hinterteils bleibt leimfrei.

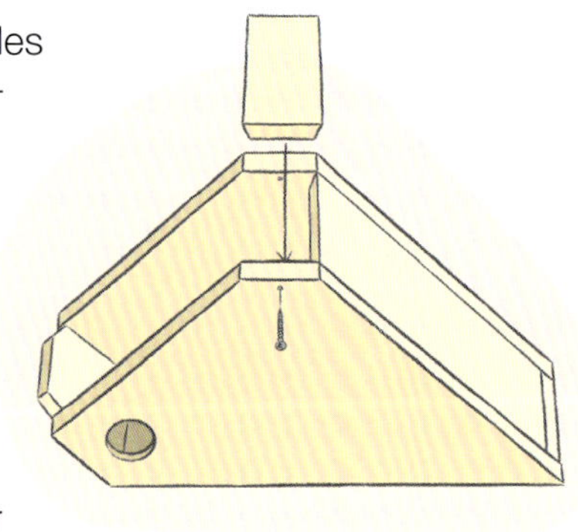

5 Beide Längsseiten des Bodenteils im 22,5°-Winkel auf Gehrung sägen. Den Boden probehalber einpassen, um sicherzugehen, dass die Schnitte sauber angelegt sind. Mit einem 3-mm-Bohrer beidseitig Löcher für 30 mm lange Schrauben durch die Unterkanten von Front und Rückwand in das Bodenteil vorbohren. Bei diesem Projekt wird der Boden zum Reinigen des Nistkastens abgeschraubt.

6 Eine Schmalseite des Brustteils im 22,5°-Winkel auf Gehrung schneiden. Das gerade Ende und die Seitenkanten der Brust einleimen und annageln, doch das schräge Ende nicht mit Leim bestreichen. Möglicherweise müssen Sie das Brustteil mit einem Hammer vorsichtig einklopfen.

7 Mit einem 5-mm-Bohrer 4 Abflusslöcher in den Boden bohren. Durch die in Schritt 5 vorgebohrten Löcher hindurch den Boden mit 30 mm langen Schrauben zwischen Brust und Hinterteil einschrauben.

8 Mit einem 8-mm-Bohrer schräg nach unten Belüftungslöcher direkt unter dem Schnabel bzw. unter dem Schwanz in Brust und Hinterteil bohren.

9 Mit einem 3-mm-Bohrer ein Loch für eine 30 mm lange Schraube in die Mitte der Grundplatte bohren: Dort wird der Pfostenträger montiert, wenn der Nistkasten fertig ist.

10 Beim 1. Dachteil eine Schmalseite im 22,5°-Winkel auf Gehrung sägen. Beim 2. Dachteil die Kante gegenüber den abgeschrägten Ecken im 22,5°-Winkel auf Gehrung sägen. Beim nicht abgeschrägten Ende des 1. Dachteils die Ecken im 45°-Winkel absägen, sodass ein 4 cm langes gerades Stück in der Mitte bleibt. Beide Dachteile entlang der abgeschrägten Kanten zusammenfügen und auf die Deckplatte des Nistkastens leimen und nageln, sodass das Dach mit der Rückwand bündig abschließt und an der Front ca. 5 cm übersteht. Dieses Vordach schützt das Einflugloch.

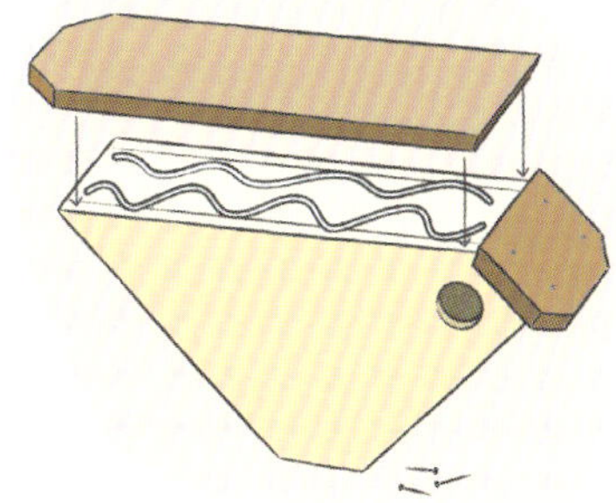

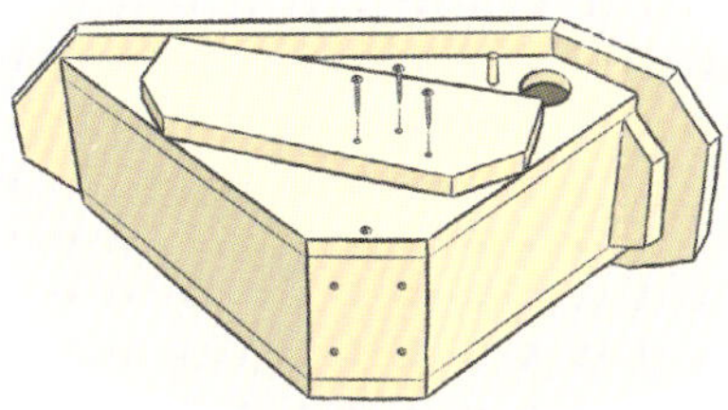

11 Die Ecken an der Unterkante des Flügelteils durch einen schrägen Schnitt 4 cm von der Ecke entfernt im 45°-Winkel absägen. Mit einem 3-mm-Holzbohrer 3 Löcher vorbohren (siehe Grafik links). Den Flügel auf die Front des Vogels aufleimen und mit 3 Schrauben (30 mm lang) befestigen. Mit einem 8-mm-Bohrer ein Loch für die Sitzsange links vom Einflugloch bohren (siehe Seite 10, Schritt 9) und den Rundholzstab einsetzen.

12 Den Nistkasten für den Anstrich vorbereiten (siehe Seite 10, Schritt 10) und mit blauer Farbe einsprühen. Die Grundplatte ebenfalls blau färben.

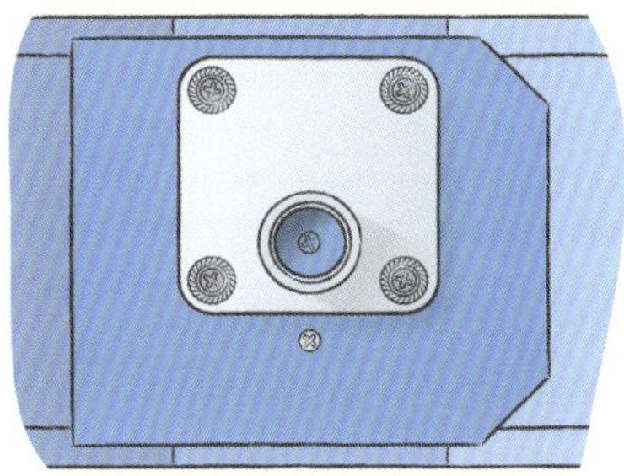

13 Wenn die Farbe getrocknet ist, die Grundplatte mit einer 30 mm langen Schraube an den Nistkasten schrauben. Rechts und links von der mittleren Schraube weitere 2 Schrauben eindrehen. Den Pfostenträger mit 2,5-cm-Innengewinde so auf die Unterseite der Grundplatte schrauben, dass das Loch mittig über der mittleren Schraube liegt. Löcher für die 4 Metallschrauben vorbohren und den Pfostenträger mit den 4 Schrauben und 4 Schraubenmuttern befestigen, damit keine spitzen Schrauben ins Innere des Nistkastens ragen. Den Rohrstutzen einschrauben.

14 Den Vogel farbig gestalten: Ich habe mich an der Färbung des Rotkehl-Hüttensängers orientiert und Seiten, Brust, Hinterteil und die Partie rund um das Auge orange bemalt. Dann habe ich hier und da einen Hauch Hellgrau und Hellblau untergemischt.

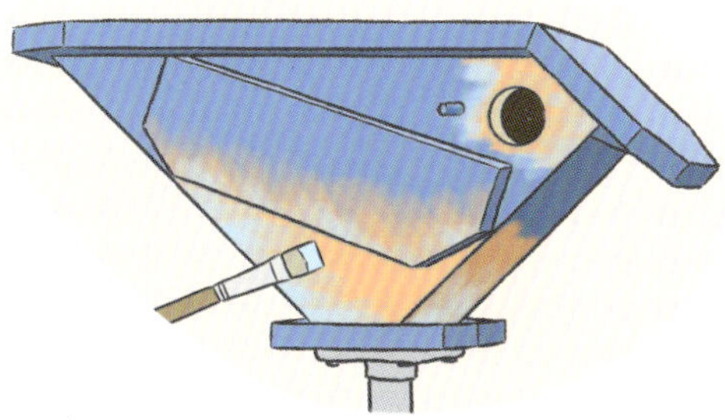

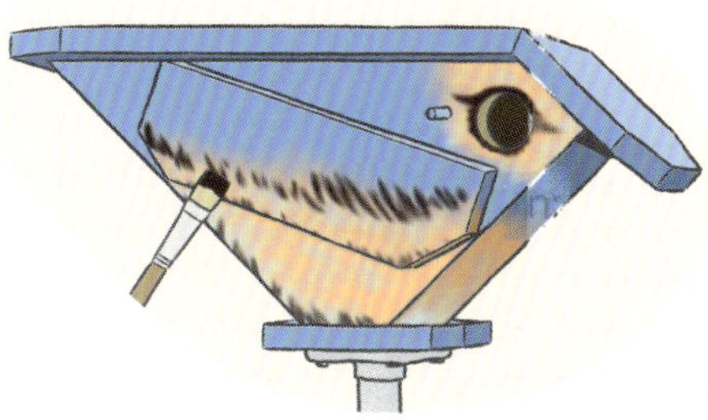

15 Anschließend habe ich die Augenpartie und den Schnabel mit Schwarz ausgearbeitet und einzelne schwarze Fahrer auf die Unterkante des Flügels gemalt. Wenn Sie möchten, können Sie die Rückwand des Nistkastens genauso gestalten. Die Farben trocknen lassen, dann den Nistkasten transparent lackieren (siehe Seite 132).

16 Den Nistkasten auf einem Metallrohr montieren und mithilfe zweier Armiereisen im Garten aufstellen (siehe Seite 137).

Hausgimpel
(*Haemorhous mexicanus*)

Dieser Nistkasten beeindruckt mit seinem großen Einflugloch und dem geräumigen Inneren. Teile von Balkon- oder Geländersäulen flankieren die großzügige Freitreppe zum Eingang. Dieses Haus kann auf einem Pfosten montiert oder als Prunkstück in einer Sammlung von Nistkästen auf ein Wandbord gestellt werden.

Kirche

Material und Werkzeug

- 2 Zaunbretter, 180 cm x 19 cm x 13 mm
- Holzleim, wasserfest
- Nägel, rostfrei, 25 mm lang
- 10 Senkkopfschrauben, rostfrei, 30 mm lang
- 2 Stücke von Geländersäulen (alt oder aus dem Baumarkt)
- 90 cm Vierkantholzleiste, 5 cm x 5 cm, für den Turm
- 2 Senkkopfschrauben, rostfrei, 40 mm lang
- Sandpapier, 80er-Körnung
- Holzkitt, überstreichbar
- Sprühfarbe auf Ölbasis, witterungsbeständig, in mattem Rot und Elfenbein
- Bastelfarbe, witterungsbeständig, in Dunkelbraun
- Klarlack auf Wasserbasis, witterungsbeständig
- Grundausstattung an Werkzeug (siehe Seite 132)

Größe

ca. 35,5 cm x 28 cm x 35 cm

Innenmaße

Bodenfläche: 15 cm x 15 cm
Raumhöhe: 20 cm
Höhe vom Boden bis zum Einflugloch: 10 cm
Einflugloch: Ø 50 mm

Holzzuschnitt

Front und Rückwand: 18 cm x 19 cm (2 x vom geraden Ende des Zaunbretts)
Seitenwände: 11 cm x 15 cm (2 x; 1 Seitenwand wird zur Öffnungsklappe)
Boden: 15 cm x 15 cm (1 x)
Dach: 24 cm x 19 cm (2 x)
Grundplatte: 35 cm x 19 cm (1 x vom oberen Ende des Zaunbretts mit den abgeschrägten Ecken absägen)

1 5 cm an der oberen Ecke von Front und Rückwand im 45°-Winkel absägen. Ein 5 cm großes Einflugloch 11,5 cm über der Unterkante mittig in die Front bohren oder sägen. Eine Schmalseite beider Seitenteile im 45°-Winkel auf Gehrung sägen.

2 Wände und Boden des Nistkastens zusammenbauen, wie beim Grundmodell beschrieben (Seite 9, Schritt 2–4).

3 Die beiden Dachteile entlang einer Längsseite stumpf zusammenleimen und -nageln. Das Dach auf den Nistkasten leimen und nageln, sodass es an der Rückseite 2,5 cm und an der Vorderseite 3 cm übersteht.

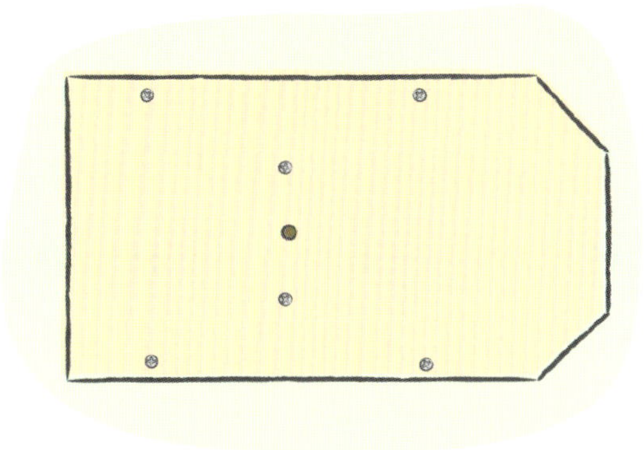

4 Mit einem 3-mm-Holzbohrer 6 Löcher in die Grundplatte und in den Boden des Nistkastens vorbohren (siehe Grafik links) und die Platte mit 30 mm langen Schrauben befestigen. Ein 8 mm großes Abflussloch durch Grundplatte und Boden bohren.

5 Den Abstand zwischen der Unterseite des Daches und der Veranda ausmessen, um die erforderliche Höhe der seitlichen Säulen zu bestimmen und die Säulenstücke auf die entsprechende Höhe absägen, dabei das obere Ende im 45°-Winkel abschrägen. Die Säulen probehalber einsetzen, um sicherzugehen, dass sie korrekt passen und die Schraube der Öffnungsklappe nicht verdeckt wird. Eines der abgesägten Säulenstücke für den Griff der Öffnungsklappe aufbewahren.

6 Den Abstand zwischen den Säulen ausmessen, um die Breite der Stufen zu bestimmen, dann aus einem Zaunbrett 2 Stufen in der entsprechenden Breite sägen. Meine Stufen sind 7,5 cm x 9,5 cm groß. Die 1. Stufe an die Frontseite der Kirche, die 2. Stufe flach auf die Veranda leimen und schrauben. Ein weiteres Holzstück für die mittlere Stufe zusägen: Es muss etwa halb so tief sein wie die beiden anderen Stufen. Auch diese Stufe anleimen und -nageln. Die Säulen entfernen und beiseitelegen.

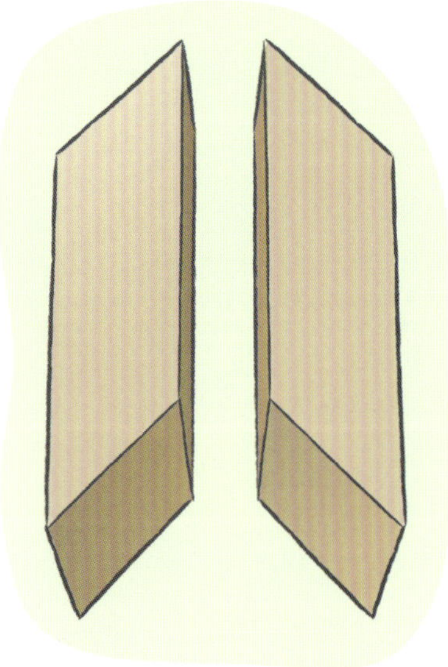

7 Aus der 5 cm x 5 cm großen Vierkantholzleiste 2 jeweils 9,5 cm lange Stücke für den Kirchturm absägen und die Enden im 45°-Winkel absägen (siehe Grafik links). Beide Teile zusammenleimen. Mit einem 1,5-mm-Bohrer auf beiden Seiten der Spitze 3 Löcher vorbohren und 3 Nägel einschlagen, um die Teile fest miteinander zu verbinden.

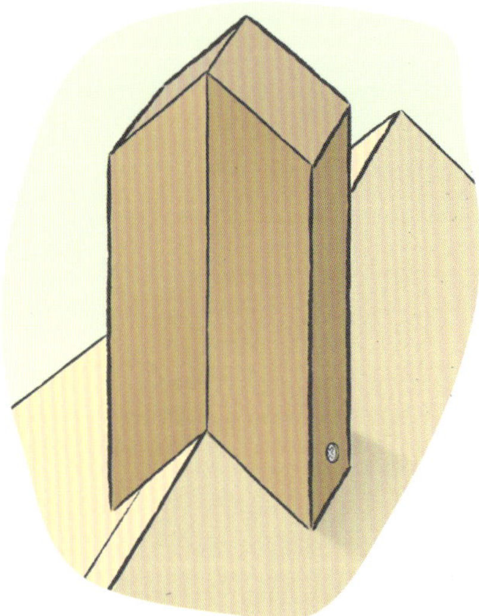

8 Den Turm in die Mitte des Dachfirsts leimen. Mit einem 3-mm-Bohrer je ein Loch durch beide Seiten des Turmes ins Dach bohren und den Turm mit 40 mm langen Schrauben zusätzlich befestigen.

9 Den Nistkasten für den Anstrich vorbereiten (siehe Seite 10, Schritt 10), mit mattroter Farbe einsprühen und trocknen lassen. Mit elfenbeinfarbener Sprühfarbe darübergehen und auch diese Farbschicht trocknen lassen. Wände und Turm leicht anschleifen, sodass die rote Farbschicht durchschimmert. Dach und Stufen nicht anschleifen.

10 Dunkelbraune Bastelfarbe im Verhältnis 1:2 mit Wasser verdünnen und damit das Dach und die Veranda streichen. Nach Belieben etwas Farbe mit einem Lappen abwischen.

11 Die Säulen festleimen und jeweils an 3 Stellen durch das Dach hindurch annageln, um sie sicher zu befestigen. Mit einem 3-mm-Holzbohrer ein Loch durch die Unterseite der Veranda hindurch in jede Säule bohren und eine 30 mm lange Schraube eindrehen.

12 Eines der abgesägten Säulenstücke mit elfenbeinfarbener Sprühfarbe überziehen und trocknen lassen. Die Öffnungsklappe aus dem Nistkasten entfernen und den Griff anleimen. Von der Rückseite der Öffnungsklappe aus ein Loch in den Griff bohren und eine 30 mm lange Schraube eindrehen.

13 Die Öffnungsklappe wieder einsetzen und den Nistkasten von außen lackieren (siehe Seite 132).

Alle Mann an Deck! Mit seiner dekorativen Form, einer verbogenen, rostigen Schraube als Anker und hölzernen Segeln, die von Draht-Tauen gehalten werden, bietet dieses hübsche Schiffchen einer Großfamilie kleiner Höhlenbrüter Platz. Ich habe das Boot nach einem meiner Freunde „Nieland“ getauft.

Segelschiff

Material und Werkzeug

- 2 Zaunbretter, 180 cm x 14 cm x 13 mm (1 Ende mit abgeschrägten Ecken für das Oberdeck aufbewahren)
- 90 cm Zierleiste, ca. 6,5 cm breit (aus dem Baumarkt)
- 180 cm Vierkantholzleiste, 2,5 cm x 2,5 cm, für die Reling
- Holzleim, wasserfest
- Nägel, rostfrei, 25 mm lang
- 50 cm Rundholzstab, Ø 8 mm
- 38 cm Rundholzstab, Ø 10 mm
- 10 Senkkopfschrauben, rostfrei, 30 mm lang
- 18 Holzschrauben, 20 mm lang
- Holzkitt, überstreichbar
- Sandpapier, 80er-Körnung
- Sprühfarbe auf Ölbasis, witterungsbeständig, in Braun (Grundierungsfarbe), Dunkelrot und Hellbraun
- Bastelfarbe, witterungsbeständig, in Dunkelrot, gebrochenem Weiß und Dunkelbraun
- Klarlack auf Wasserbasis, witterungsbeständig
- Haken zum Anschrauben mit 2 Löchern und 2 Holzschrauben, 12 mm lang
- dünner Draht oder dünne Schnur
- 90 cm Bindedraht
- 80 cm Metallkette in Schwarz oder Silber
- 1 rostige Schraube oder ein ähnliches Objekt für den „Anker“
- 1 dekorative, schwarze Schraube, 4 cm lang
- 180 cm Metallrohr, rostfrei, Ø 2,5 cm
- 1 Pfostenträger mit Rohrverbindungsstück, Ø 2,5 cm
- 4 Metallschrauben, rostfrei, 30 mm lang, für den Pfostenträger
- 4 Schraubenmuttern, passend zu den Schrauben für den Pfostenträger
- 1 Rohrstutzen, rostfrei, Ø 2,5 cm, 15 cm lang
- 2 Armiereisen, 120 cm lang, Ø 8 mm
- Grundausstattung an Werkzeug (siehe Seite 132)

Größe
ca. 50 cm x 17 cm x 20 cm

Innenmaße
Bodenfläche: 21,5 cm x 11 cm
Raumhöhe: 14 cm
Höhe vom Boden bis zum Einflugloch: 11 cm
Einflugloch: Ø 32 mm

Holzzuschnitt
Front und Rückwand: 40,5 cm x 14 cm (2 x)
Boden: 25 cm x 14 cm (1 x)
1. Endteil: 10 cm x 11 cm (2 x)
2. Endteil: 3 cm x 11 cm (2 x)
3. Endteil: 4 cm x 11 cm (2 x)
Oberdeck: 50 cm x 14 cm (1 x vom oberen Ende des Zaunbretts absägen)

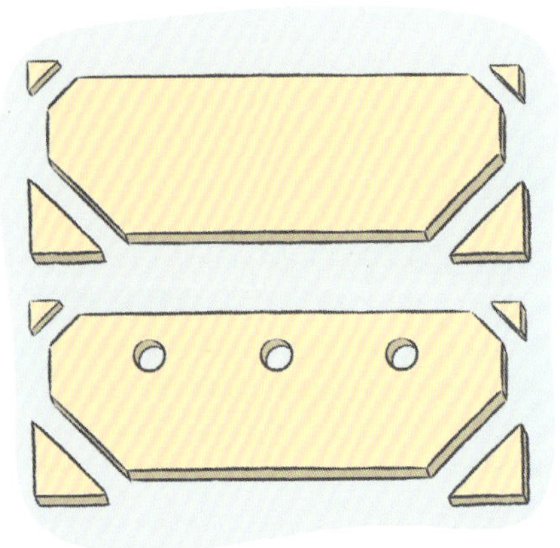

1 Die Ecken an Front und Rückwand im 45°-Winkel absägen: oben jeweils 4 cm von der Ecke entfernt, unten 10 cm von der Ecke entfernt. Ein 32 mm großes Einflugloch 2,5 cm von der Oberkante entfernt mittig in die Front bohren oder sägen und 2 weitere Löcher 11 cm links und rechts vom 1. Loch bohren oder sägen.

2 Beide Schmalseiten des Bodenteils im 45°-Winkel auf Gehrung sägen. Das Bodenteil wird mit den abgeschrägten Seiten nach unten an Front und Rückwand montiert. Mit einem 3-mm-Holzbohrer Löcher durch die Bodenplatte hindurch in Front und Rückwand vorbohren und 30 mm lange Schrauben eindrehen. Jeweils eine Schraube 2,5 cm von den Enden entfernt und eine weitere Schraube in der Mitte jeder Seite platzieren.

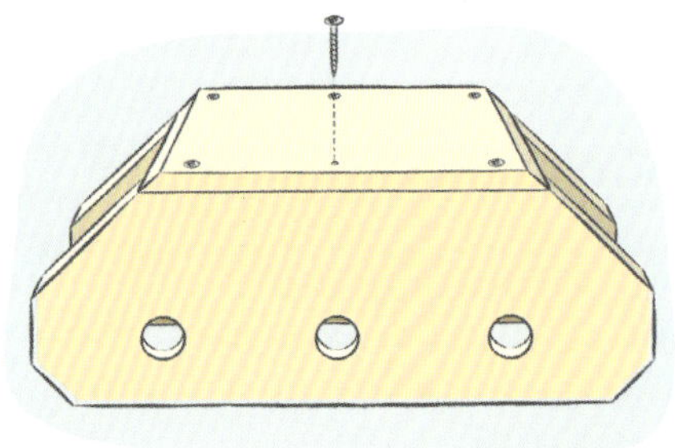

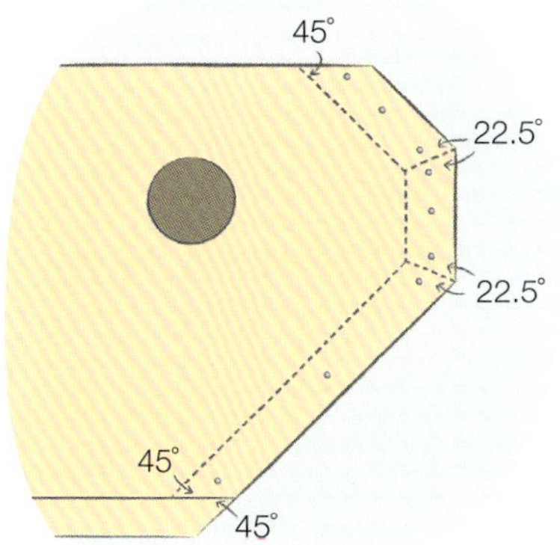

3 Eine Schmalseite des. 1. Endteils im 45°-Winkel, die andere Schmalseite im 22,5°-Winkel auf Gehrung sägen, sodass beide Schrägen in dieselbe Richtung abfallen. Dann beide Schmalseiten des 2. Endteils im 22,5°-Winkel auf Gehrung sägen, wobei die Schrägen in entgegengesetzter Richtung verlaufen. Beim 3. Endteil beide Schmalseiten in entgegengesetzter Richtung auf Gehrung sägen: 1 x im 45°-Winkel und 1x im 22,5°-Winkel. Jeweils beide 1., 2. und 3. Endteile gleich zusägen. Setzen Sie die Teile provisorisch zusammen, um die Passgenauigkeit zu überprüfen. Keine Angst vor Fehlschnitten! Sie haben genügend Holz von den Zaunbrettern übrig.

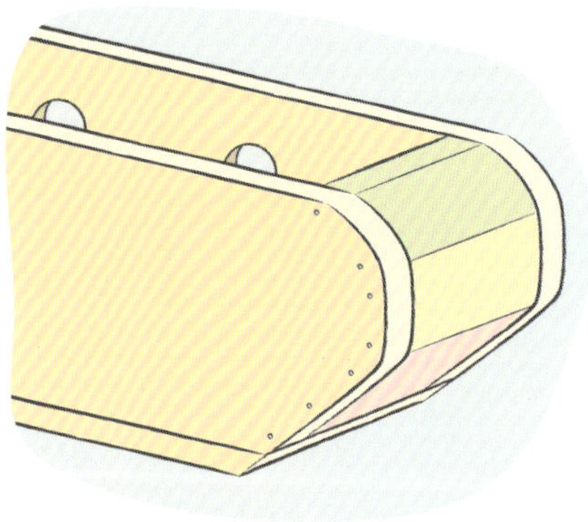

4 Nur die Seitenkanten der 1. Endteile anleimen und -nageln. Dann die Endteile 2 und 3 ebenfalls anleimen und -nageln, diesmal jedoch sowohl die Seitenkanten als auch die Längskanten befestigen. Alle Lücken mit überstreichbarem Holzkitt ausfüllen und abschmirgeln: So bekommen Bug und Heck des Schiffs eine abgerundete Form.

5 Das Brett für das Oberdeck gegenüber den abgeschrägten Ecken vom oberen Ende des Zaunbretts im 45°-Winkel zu einer Spitze sägen. Das Oberdeck auf das Schiff leimen und nageln, sodass das spitze Ende 12 cm übersteht. Die Seite mit den abgeschrägten Ecken steht als Heck 6,5 cm über.

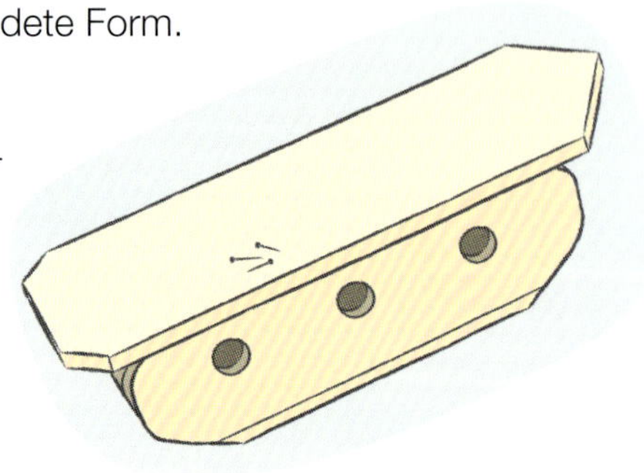

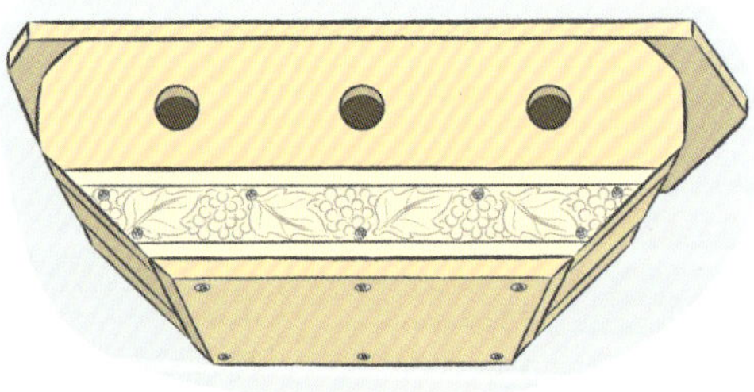

6 Ein 39 cm langes Stück Zierleiste absägen und die Enden in entgegengesetzter Richtung im 45°-Winkel abschrägen. Mit einem 3-mm-Holzbohrer 7 Löcher in zickzackförmiger Anordnung in die Leiste vorbohren (siehe Grafik links) und die Leiste mit 20 mm langen Holzschrauben an der Front des Schiffsrumpfes anschrauben. Ein 2. Stück Leiste an die andere Seite des Rumpfes schrauben.

7 Nun die Leisten für die Reling zuschneiden: Von der 2,5 cm x 2,5 cm starken Vierkantholzleiste 2 Stücke von 37 cm Länge für die Seiten absägen und am einen Ende im 45°-Winkel, am anderen Ende im 22,5°-Winkel auf Gehrung schneiden. Für das Heck ein 8,5 cm langes Stück absägen und beide Enden im 45°-Winkel auf Gehrung schneiden. Für den Bug 1 Stück mit 4,5 cm Länge und 2 Stücke mit 2,5 cm Länge absägen und jeweils beide Enden im 22,5°-Winkel auf Gehrung schneiden. Die Stücke probehalber auf dem Oberdeck anordnen, um zu überprüfen, ob alle Teile glatt aneinanderpassen. Dann die Reling aufleimen und annageln.

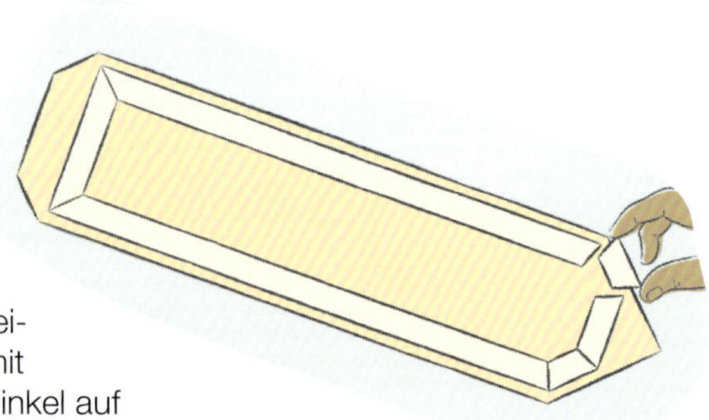

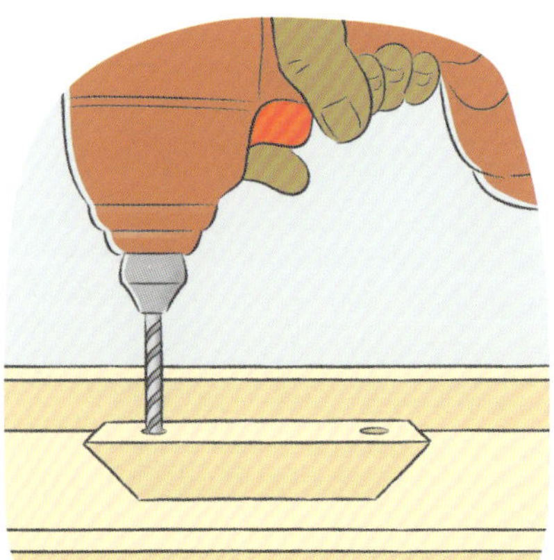

8 Ein 11,5 cm langes Stück der Vierkantholzleiste (2,5 cm x 2,5 cm) als Halterung für die Masten absägen und an beiden Schmalseiten im 45°-Winkel abschrägen. Das Holzstück in einen Schraubstock einspannen und mit einem 6-mm-Bohrer jeweils 2,5 cm von beiden Enden entfernt je ein Loch für eine 20 mm lange Holzschraube bohren. Das Teil in die Mitte des Oberdecks leimen und schrauben. Mit einem 8-mm-Bohrer die dem Bug näherliegende Schraube versenken, sodass ein Loch entsteht, das für einen 8 mm starken Rundholzstab groß genug ist. Die andere Schraube mit einem 10-mm-Bohrer versenken.

9 Ein 34 cm langes Stück vom 8 mm starken Rundholzstab absägen. Wasserfesten Holzleim in die beiden Schraubenlöcher geben und den 8 mm starken Rundholzstab in das kleinere, den 10 mm starken Rundholzstab (38 cm lang) in das größere Loch einleimen.

10 Für die Segel ein Quadrat mit 14 cm Seitenlänge von einem der Zaunbretter absägen und diagonal halbieren, sodass 2 Dreiecke entstehen. Für das 3. Segel einen der Abschnitte vom Frontteil verwenden (siehe Schritt 1). Die Dreiecke mit roter Sprühfarbe einsprühen und trocknen lassen.

11 Mit einem 8-mm-Holzbohrer ein Loch unter jedem Einflugloch direkt oberhalb der Zierleiste in die Front bohren und in jedes Loch ein 4,5 cm langes Stück Rundholzstab als Sitzstange einsetzen.

12 Den Nistkasten für den Anstrich vorbereiten (siehe Seite 10, Schritt 10), dann das Schiff und die Masten mit brauner Grundierungsfarbe einsprühen. Die Farbe trocknen lassen. Anschließend das Schiff und die Masten mit hellbrauner Farbe einsprühen und die Farbe ebenfalls trocknen lassen.

13 Die Zierleisten und den äußeren Rand des Decks mit roter Farbe streichen. Die Kanten des Schiffsrumpfes und nach Belieben auch anderer Teile des Schiffs leicht anschleifen, damit sie etwas verwittert wirken. Die Masten mit fast trockenem Pinsel in gebrochenem Weiß gestalten.

14 Braune, witterungsbeständige Bastelfarbe im Verhältnis 1:2 mit Wasser verdünnen und damit die Segel und alle rot gestrichenen Partien des Schiffs leicht übermalen. Überschüssige Farbe mit einem Lappen abtupfen, sodass eine patinierte Optik entsteht. Diese Technik beim ganzen Schiff wiederholen. Die Farbe trocknen lassen.

15 Schiffsrumpf, Masten und Segel transparent lackieren (siehe Seite 132) und den Lack trocknen lassen.

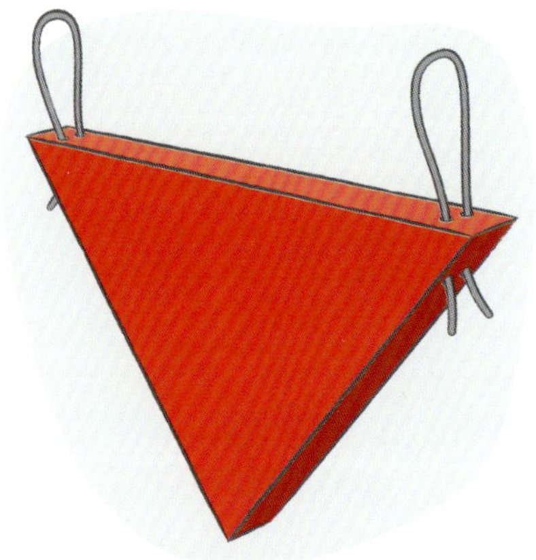

16 Nacheinander alle Segel in einen Schraubstock einspannen und mit einem 1,5-mm-Bohrer jeweils 2 Löcher im Abstand von 3 mm und 1 cm von den Spitzen der Längsseiten entfernt bohren. 6 Drahtstücke à 7,5 cm Länge mittig zu Schlingen biegen und die Drahtenden so durch die Löcher führen, dass sie auf der anderen Seite 6 mm weit hervorstehen.

17 Eines der großen Segel über den dickeren Rundholzstab ziehen. Mit einer Spitzzange den unteren Draht 6 cm vom Deck entfernt um den Rundholzstab zusammendrücken und die Drahtenden verdrillen. Den oberen Draht genauso befestigen. Nun das kleinere Segel 1 cm über dem großen fixieren und das 2. große Segel ca. 6,5 cm unterhalb der Spitze des kürzeren Rundholzstabs anbringen.

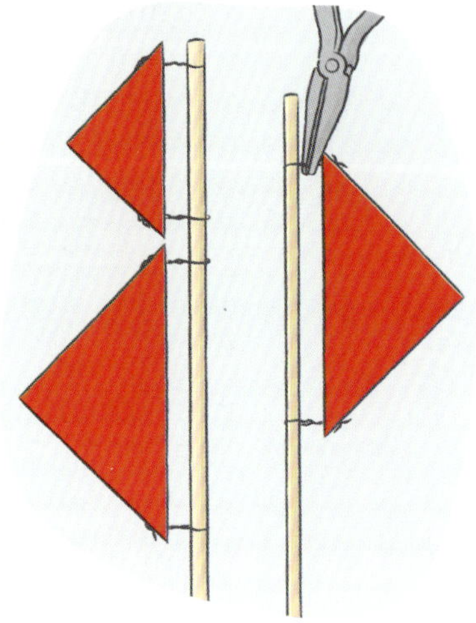

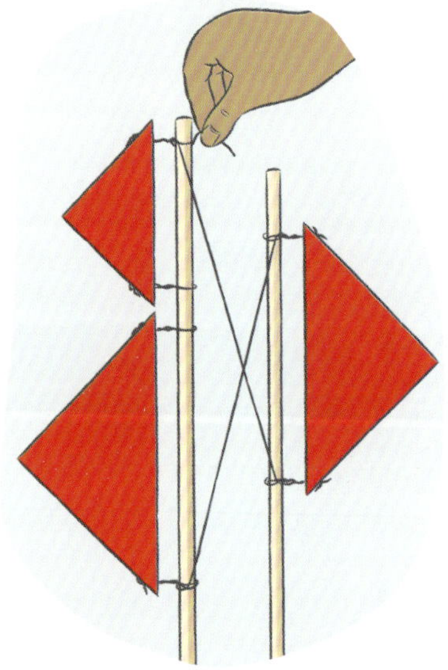

18 2 jeweils 30 cm lange Stücke Bindedraht abschneiden und kreuzweise um die Masten wickeln (siehe Grafik links).

19 Mit einem 1,5-mm-Bohrer Löcher am Heck des Schiffs vorbohren und den Haken mit den 2 Löchern anschrauben (siehe Grafik rechts). Feinen Draht oder eine dünne Schnur zu einer Rolle aufwickeln und über den Haken hängen.

20 An jedem Ende der 80 cm langen Kette ein größeres Glied anbringen. Beide Enden über den Haken ziehen, dann die Kette über die Front des Schiffs, rund um den Hauptmast und zum Haken zurück führen. Ein weiteres großes Kettenglied öffnen und rund um eine alte, verbogene und rostige Schraube (oder was auch immer Sie als „Anker" verwenden) wieder zusammendrücken. Mit einem 3-mm-Holzbohrer ein kleines Loch etwas von der Mitte aus versetzt in die Schiffsreling bohren. Eine 4 cm lange, dekorative schwarze Schraube ein Stück weit eindrehen, die Kette darüberlegen und die Schraube so anziehen, dass der Anker an der Seite des Schiffs baumelt.

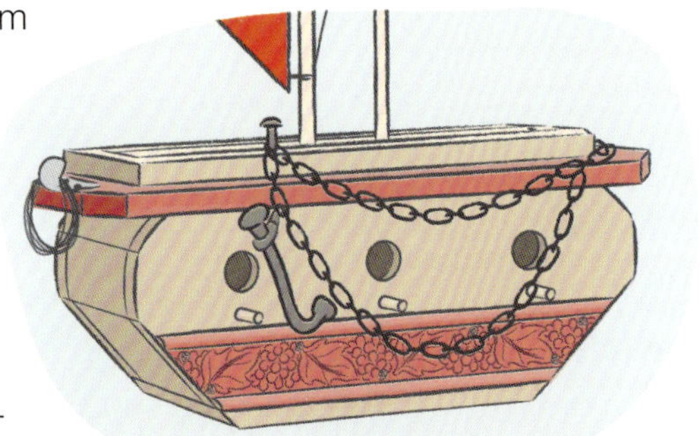

21 Einen Pfostenträger an die Unterseite des Nistkastens schrauben und mittels eines Rohrstutzens ein Metallrohr anbringen. Den Nistkasten über 2 Armierungseisen (120 cm hoch) im Garten aufstellen (siehe Seite 137).

Mit seinen Blumenkästen voller bunter Blüten wirkt dieses kleine Cottage besonders anheimelnd. Die Häuschen rechts und links dienen rein dekorativen Zwecken, doch der rechte Anbau lässt sich anheben, um das alte Nest zu entfernen und das Innere des Haupthauses zu reinigen. Der Nistkasten kann auf einem Wandbord platziert oder auf einen Pfosten montiert werden (siehe Seite 137).

Ländliches Cottage

Material und Werkzeug

- 2 Zaunbretter, 180 cm x 14 cm x 13 mm
- Holzleim, wasserfest
- Nägel, rostfrei, 25 mm lang
- 3 Senkkopfschrauben, rostfrei, 30 mm lang, für die Öffnungsklappe
- 4,5 cm Rundholzstab, Ø 8 mm, für die Sitzstange
- 2 Quadrate Kükendraht, 5 cm x 5 cm
- Tacker und Tackerklammern
- 1 Stück Vierkantholzleiste, 5 cm x 5 cm, für den Kamin
- Holzkitt, überstreichbar
- Sandpapier, 80er-Körnung
- Holzgrundierungsfarbe in Braun
- Sprühfarbe auf Ölbasis, witterungsbeständig, in Braun
- Bastelfarbe, witterungsbeständig, in dunklem Walnussbraun, Gelb, Schwarz und Grün
- Moos, kleine Stücke
- Metallösen, blütenförmig
- Holzschrauben, klein, 12 mm lang
- Klarlack auf Wasserbasis, witterungsbeständig
- Grundausstattung an Werkzeug (siehe Seite 132)

Größe

ca. 35,5 cm x 46 cm x 19,5 cm

Innenmaße

Bodenfläche: 11 cm x 14 cm
Raumhöhe: 25 cm
Höhe vom Boden bis zum Einflugloch: 20 cm
Einflugloch: Ø 32 mm

Holzzuschnitt

FÜR DAS HAUPTHAUS
Front und Rückwand: 30 cm x 14 cm (2 x)
Seitenwände: 23 cm x 14 cm (2 x; 1 Seitenwand wird zur Öffnungsklappe)
Boden: 11 cm x 14 cm (1 x)
Unterer Teil des Daches: 12,5 cm x 14 cm (2 x)
Oberer Teil des Daches: 14,5 cm x 14 cm (2 x)

FÜR DEN RECHTEN ANBAU
Front und Rückwand: 15 cm x 14 cm (2 x)
Seitenwand: 5,5 cm x 11 cm (1 x)
Boden: 11 cm x 12 cm (1 x)
1. Dachteil: 4 cm x 14 cm (1 x)
2. Dachteil: 19 cm x 14 cm (1 x vom oberen Ende eines 14 cm breiten Zaunbretts mit abgeschrägten Ecken)

FÜR DEN LINKEN ANBAU
Front und Rückwand: 15 cm x 14 cm (2 x)
Seitenwand: 9,5 cm x 7 cm (1 x)
Boden: 9 cm x 7 cm (1 x)
1. Dachteil: 18 cm x 14 cm (1 x)
2. Dachteil: 6,5 cm x 3 cm (1 x)
Türanschlag: 4,5 cm x 7 cm

1 Die Teile für Front und Rückwand oben im 45°-Winkel zu einer Spitze sägen und die abgesägten Dreiecke aufbewahren. Ein 32 mm großes Einflugloch 21,5 cm über der Unterkante mittig in die Front bohren oder sägen. Eine Schmalseite beider Seitenwände im 45°-Winkel auf Gehrung sägen. Wände und Boden des Nistkastens zusammenbauen, wie beim Grundmodell beschrieben (siehe Seite 9, Schritt 2–4) und das Teil für die Öffnungsklappe rechts anbringen.

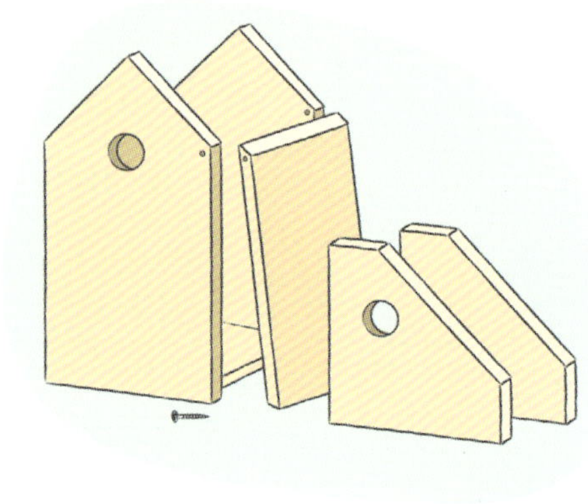

2 An der Oberkante von Front und Rückwand des rechten Anbaus 4 cm abmessen und von diesem Punkt aus im 45°-Winkel zur Seitenkante sägen. Ein 28 mm großes Loch 9 cm über der Unterkante mittig in die Front bohren oder sägen.

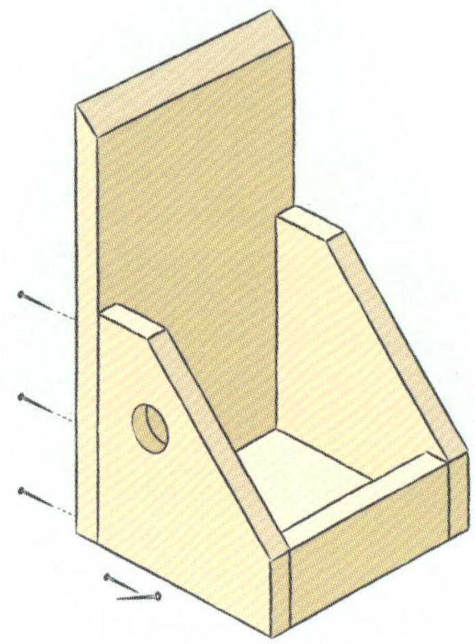

3 Die Öffnungsklappe des Haupthauses abnehmen. Front und Rückwand des rechten Anbaus an die Außenseite der Öffnungsklappe für das Haupthaus leimen und nageln. Die Seitenwand zwischen Front und Rückwand einleimen und annageln, dann den Boden einleimen und annageln.

4 Ein 5 cm x 5 cm großes Quadrat aus Kükendraht zuschneiden und von innen über das Loch in der Front des Anbaus tackern, damit keine Vögel in dem Anbau nisten. Die Öffnungsklappe samt Anbau wieder am Haupthaus befestigen.

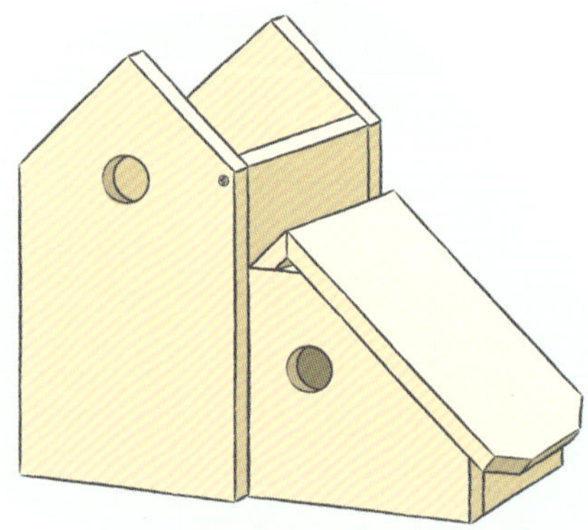

5 Nun das Dach auf den Anbau setzen. Beide Längsseiten des 1. Dachteils im 45°-Winkel auf Gehrung sägen, sodass dazwischen ein 12 mm langes gerades Stück bleibt. eine Schmalseite des 2. Dachteils im 45°-Winkel auf Gehrung sägen. Die beiden Dachteile an den abgeschrägten Kanten zusammenleimen und -nageln, dann das ganze Dach bündig mit Front und Rückwand des Anbaus aufleimen und annageln. Achten Sie dabei darauf, nicht die Öffnungsklappe des Haupthauses zuzunageln!

6 Die beiden unteren Dachteile für das Haupthaus der Länge nach halbieren und eine Schmalseite jedes Teils im 45°-Winkel auf Gehrung sägen. Die Teile paarweise zusammenleimen und -nageln, dann auf das Haupthaus nageln und leimen (siehe Grundmodell, Seite 9/10, Schritt 5 und 6), dabei darauf achten, dass sich die seitliche Klappe noch öffnen lässt.

7 Eine Schmalseite beider oberen Dachteile im 45°-Winkel auf Gehrung sägen. Die Teile entlang der abgeschrägten Kanten zusammenleimen und -nageln, dann das obere Dachteil auf dem Haupthaus anbringen (siehe Grundmodell, Seite 10, Schritt 7).

8 An der linken Kante des Frontteils für den linken Anbau 14,5 cm nach unten abmessen und von dort aus im 45°-Winkel schräg zur Oberkante sägen. Einen weiteren 5 cm langen Sägeschnitt im 45°-Winkel von der Oberkante zur rechten Seitenkante arbeiten und das dabei abfallende Dreieck aufbewahren. Das Frontteil auf das Teil für die Rückwand legen und eine Linie entlang des ersten 45°-Schnitts aufzeichnen, dann eine vertikale Linie von der oberen Spitze zur Unterkante anzeichnen. Entlang der aufgezeichneten Linien sägen. (Der kurze 45°-Schnitt entfällt bei der Rückwand.)

9 Ein 32 mm großes Loch 9 cm über der Unterkante mittig in die Front bohren oder sägen und ein Quadrat aus Kükendraht auf der Rückseite darüber tackern (siehe Schritt 4). Die Front des linken Anbaus mit der Spitze auf die linke Kante des Haupthauses ausrichten, dann die Front anleimen und -nageln.

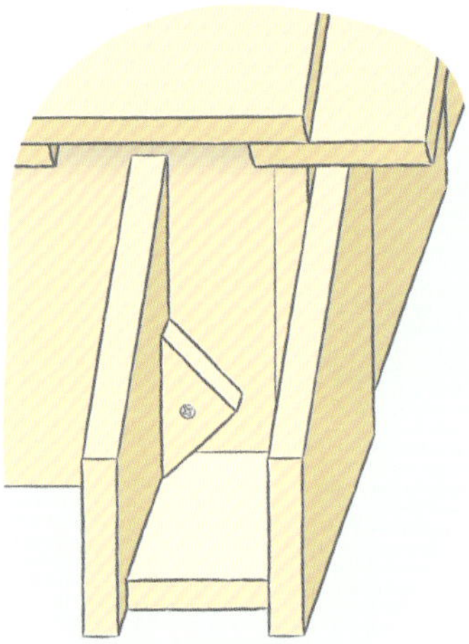

10 Den Boden an die Rückwand des linken Anbaus leimen und nageln. Dann das zurückbehaltene Dreieck (vom Zusägen des rechten Anbaus, Schritt 8) an die Innenseite der Rückwand leimen und nageln (siehe Grafik links). Den Boden an die Innenseite des Frontteils leimen und nageln. Mit einem 3-mm-Holzbohrer ein Loch durch das Dreieck in die Seitenwand des Haupthauses vorbohren und eine 30 mm lange Schraube eindrehen. Die Seitenwand an den Anbau leimen und nageln.

11 Mit einem 8-mm-Holzbohrer 3 cm unter dem Einflugloch ein Loch für die Sitzstange in die Front des Haupthauses bohren und den Rundholzstab einsetzen. Je eine Schmalseite der beiden Dachteile für den linken Anbau im 45°-Winkel auf Gehrung sägen. Das große Dachteil auf den linken Anbau leimen und nageln, sodass er vorne und hinten jeweils 3 cm übersteht. Dann das kurze Dachstück entlang der abgeschrägten Kante an das größere Teil leimen und nageln.

12 2 Dreiecke, die beim Zusägen von Front und Rückwand des Haupthauses übrig geblieben sind (Schritt 1), zum Verzieren des rechten Anbaus verwenden. Bei beiden Dreiecken die Basis 4,5 cm unterhalb der Spitze absägen und je eine Spitze auf den Giebel von Front und Rückwand des rechten Anbaus leimen und nageln, sodass sie bündig mit den Dachkanten abschließen. Für den Türanschlag der Öffnungsklappe am Haupthaus eines der abgesägten Basisstücke an der linken Kante gerade absägen, dann bündig mit dem Haupthaus links an die Unterkante der Anbaufront leimen und nageln.

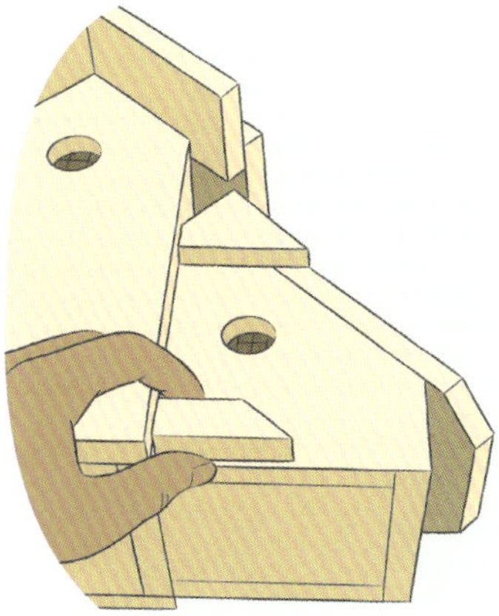

Haussperling (Passer domesticus)

13 Ein 19,5 cm x 3 cm großes Stück von einem Zaunbrett absägen und an einer Schmalseite im 45°-Winkel abschrägen. Diese Leiste unterhalb des Daches auf die Rückseite des linken Anbaus leimen und nageln, um den Nistkasten stabiler zu machen.

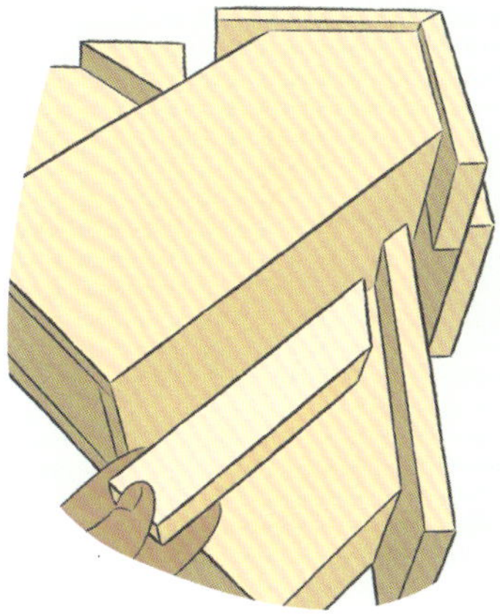

14 Von einer 5 cm x 5 cm starken Vierkantholzleiste ein 5 cm langes Stück absägen und diagonal (= im 45°-Winkel) halbieren. Dieses Teil als Kamin auf eine Seite des Daches neben den First leimen und nageln.

15 Den Nistkasten für den Anstrich vorbereiten (siehe Seite 10, Schritt 10), mit brauner Grundierungsfarbe einsprühen und trocknen lassen. Das Dach mit dunkelbrauner Bastelfarbe streichen und einen Lappen über die Dachfläche nach unten ziehen, solange die Farbe noch feucht ist, um eine verwitterte, gealterte Optik zu erzielen.

16 Aus Holzresten einige schmale Leisten als „Blumenkästen" sägen. Jedes dieser Teile mit dunkelbrauner Farbe anmalen. Die Teile an die Front des Nistkastens leimen und nageln (siehe Foto auf Seite 113). Kleine Moosstückchen auf jeden „Blumenkasten" leimen. Die Metallösen gelb anmalen und trocknen lassen. Dann die Ösen über den „Blumenkästen" anschrauben und die Schraubenköpfe schwarz anmalen, damit der Eindruck von Sonnenblumen entsteht. Details mit einem feinen Pinsel und grüner Farbe aufmalen.

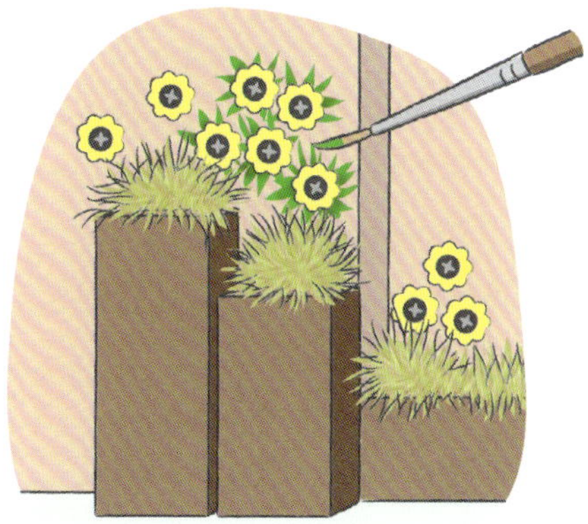

17 Das Einflugloch mit zerknülltem Papier ausstopfen und den Nistkasten von außen transparent lackieren (siehe Seite 132).

5. Kapitel

Futterhäuschen & mehr

Vermutlich möchten Sie den Vögeln nicht nur eine Behausung zum Nisten und Aufziehen der Jungen bieten, sondern Ihre gefiederten Freunde auch mit Futterhäuschen in Ihren Garten locken. An Futterstellen von der einfachen Zapf(en)säule bis zum Körnerbüffet werden Ihre Vögel sich im siebten Himmel wähnen. Als Extra gibt's eine Gitterbox, aus der sie Material für ihre Nester zupfen können.

Dieses Futterhaus ist wirklich kinderleicht anzufertigen, garantiert aber stundenlanges Vergnügen, wenn die Vögel in Scharen herbeiströmen, um sich an ihrem Lieblingsfutter zu laben. Streuen Sie ein paar Handvoll Vogelfutter hinein und beobachten Sie, wie die kleinen Kerlchen sich die Bäuche vollschlagen. Vier Abflusslöcher im Boden des Häuschens verhindern, dass sich Wasser in der Futterschale sammelt, aber kontrollieren Sie das Futter trotzdem regelmäßig, weil es durch Regenwasser schimmeln kann. Um die Vögel vor Raubtieren zu schützen, können Sie das Futterhaus auf ein Metallrohr montieren (siehe Seite 137).

Einfaches Futterhaus

Material und Werkzeug
- 1 Zaunbrett, 180 cm x 19 cm x 13 mm
- Holzleim, wasserfest
- Nägel, rostfrei, 25 mm lang
- 4 Senkkopfschrauben, rostfrei, 30 mm lang
- 16 Senkkopfschrauben, rostfrei, 40 mm lang
- Holzkitt, überstreichbar
- Sandpapier, 80er-Körnung
- 1 Vierkantholzleiste, 180 cm x 10 cm x 2,5 cm
- Holzgrundierungsfarbe in Braun
- Sprühfarbe auf Ölbasis, witterungsbeständig, in Grün
- Bastelfarbe, witterungsbeständig, in Dunkelbraun
- 12,5 cm Rundholzstab, Ø 6 mm, für die Sitzstange
- Klarlack auf Wasserbasis, witterungsbeständig
- Grundausstattung an Werkzeug (siehe Seite 132)

Größe
35 cm x 23 cm x 23 cm

Holzzuschnitt
Fassade: 33 cm x 19 cm (1 x vom Zaunbrett absägen)
Boden: 19 cm x 19 cm (1 x vom Zaunbrett absägen)
Dach: 21,5 cm x 19 cm (1 x vom Zaunbrett absägen)
Seitenwände: 21 cm x 10 cm (2 x von der Vierkantholzleiste absägen)
Frontbrett: 23 cm x 10 cm (1 x von der Vierkantholzleiste absägen)

1 Das Brett für die Fassade oben im 45°-Winkel zu einer Spitze sägen, wie beim Grundmodell des Nistkastens auf Seite 8 beschrieben. Ein 40 mm großes Loch 10 cm unterhalb der Spitze mittig in das Brett bohren oder sägen. Eine Schmalseite des Dachteils im 45°-Winkel auf Gehrung sägen, dann dieses Teil längs halbieren. Beide Seiten der Fassade und eine Seite des Bodens grün streichen und trocknen lassen.

2 Die Fassade außen an die Rückseite des Bodens leimen und nageln (die ungestrichene Seite des Bodens weist nach oben).

3 Mit einem 3-mm-Holzbohrer Löcher für die 40 mm langen Schrauben durch die Seitenwände in den Boden vorbohren (siehe Grafik rechts). Die Seitenteile anleimen und anschrauben. Das Frontbrett auf die gleiche Weise an den Seitenwänden und am Boden befestigen.

4 Die beiden Dachteile miteinander verbinden (siehe Seite 10, Schritt 6) und mit 40 mm langen Schrauben auf der Fassade befestigen, sodass das Dach bündig mit der Rückwand abschließt. Das Futterhaus für den Anstrich vorbereiten (siehe Seite 10, Schritt 10), dann die Oberseite des Daches und die Außenseiten des Futterkastens mit dunkelbrauner Farbe anstreichen.

Star
(Sturnus vulgaris)

5 Mit einem 6-mm-Holzbohrer 4 cm unterhalb des großen Lochs ein Loch für die Sitzstange in die Fassade bohren und den Rundholzstab einsetzen (siehe Seite 10, Schritt 9). Um die Stange zusätzlich zu befestigen, können Sie das Ende des Rundholzstabes mit wasserfestem Holzleim bestreichen.

6 Nach Belieben das Futterhaus auf ein Metallrohr montieren (siehe Seite 137), dabei zur Befestigung Metallschrauben mit Muttern verwenden, damit keine spitzen Schrauben in den Futterkasten ragen.

7 Mit einem 1,5-mm-Bohrer 4 Abflusslöcher in den Boden des Futterhauses bohren. Die Oberseite des Daches, Vorder- und Rückseite der Fassade und die Außenseiten des Futterkastens transparent lackieren (siehe Seite 132).

Vögel werden ihre ganze Familie in diese schicke Cafeteria mitbringen, die mit zwei Sitzstangen, fünf Fächern für verschiedene Sämereien und einer Schraube in der Mitte ausgestattet ist, auf die man eine Frucht oder einen Maiskolben spießen kann. Das Dach schützt die Vögel vor der Sonne, aber auch vor Raubvögeln.

Buschzaunkönig
(Thryomanes bewickii)

Cafeteria

Material und Werkzeug

- 2 Zaunbretter, 180 cm x 19 cm x 13 mm
- Holzleim, wasserfest
- Nägel, rostfrei, 25 mm lang
- 30 Senkkopfschrauben, rostfrei, 30 mm lang
- 2 Rundholzstäbe, Ø 6 mm, 47 cm lang
- 1 Vierkantholzleiste, 180 cm x 4 cm x 2 cm
- 1 Vierkantholzleiste, 30 cm x 6 cm x 13 mm
- 8 Senkkopfschrauben, rostfrei, 40 mm lang
- 1 Senkkopfschraube, rostfrei, 60 mm lang
- Sandpapier, 80er-Körnung
- Holzkitt, überstreichbar
- Bastelfarbe, witterungsbeständig, in Rot
- Klarlack auf Wasserbasis, witterungsbeständig
- 180 cm Metallrohr, rostfrei, Ø 2,5 cm
- 1 Pfostenträger mit Rohrverbindungsstück, Ø 2,5 cm
- 4 Metallschrauben, rostfrei, 30 mm lang, für den Pfostenträger
- 4 Schraubenmuttern, passend zu den Schrauben für den Pfostenträger
- 1 Rohrstutzen, rostfrei, Ø 2,5 cm, 15 cm lang
- 2 Armiereisen, 120 cm lang, Ø 8 mm
- Grundausstattung an Werkzeug (siehe Seite 132)

Größe

37 cm x 21 cm x 53 cm

Holzzuschnitt

Rückwand und Boden: 46 cm x 19 cm (2 x)
Seitliche Dachteile: 25 cm x 19 cm (2 x)
Mittleres Dachteil: 14,5 cm x 19 cm (1 x)
Mittlere Dachstrebe: 6,5 cm x 16 cm (1 x)

1 Die Rückwand an die Außenkante des Bodens leimen und nageln. Mit einem 3-mm-Holzbohrer 4 Löcher entlang der Kante vorbohren und 30 mm lange Schrauben eindrehen.

2 2 rechtwinklige Dreiecke vom Ende eines der 19 cm breiten Zaunbretter absägen. Die Dreiecke probehalber zwischen Boden und Rückwand stellen. Das Dreieck, das über die Rückwand hinaussteht, anzeichnen und absägen.

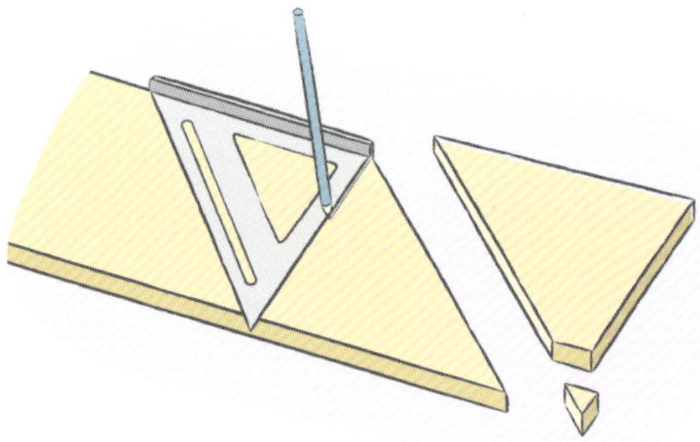

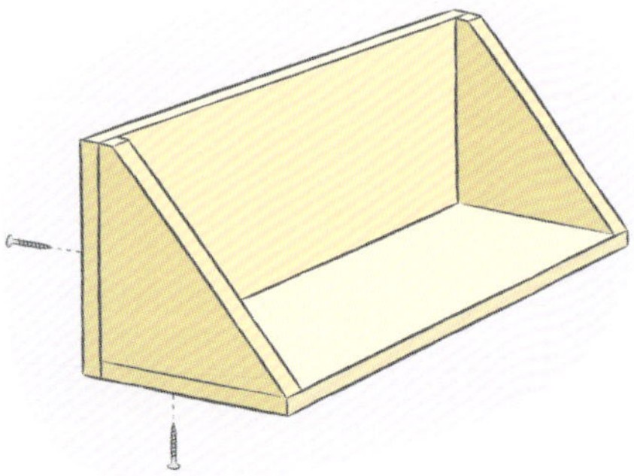

3 Die Seitenwände an beiden Enden von Boden und Rückwand anleimen und annageln. Mit einem 3-mm-Holzbohrer jeweils durch die Rückwand und durch den Boden ein Loch vorbohren und eine 30 mm lange Schraube eindrehen.

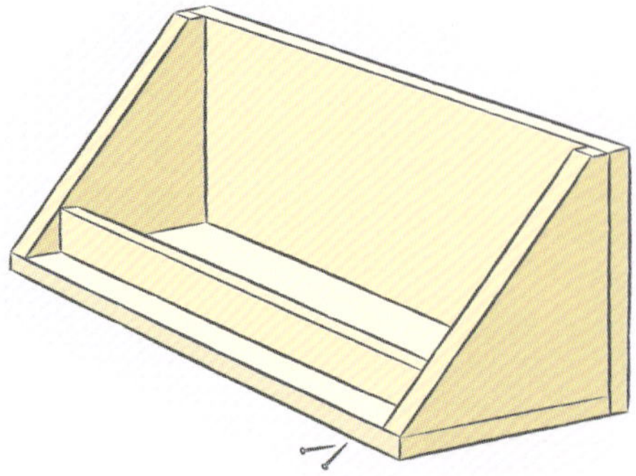

4 Von der 4 cm x 2 cm starken Vierkantholzleiste ein 42,5 cm langes Stück als Vorderkante für die Futterfächer absägen. Die Leiste 3 cm von der Vorderkante des Kastens auf den Boden aufleimen und annageln.

5 Weitere 2 Dreiecke zusägen, wie bei den Seitenwänden beschrieben (Schritt 2). Die Innenseite des Kastens ausmessen, um festzustellen, wie viel an der vorderen Ecke abgesägt werden muss. Die Dreiecke maßgenau zusägen und 12,5 cm von der Innenkante des Kastens entfernt platzieren, dabei mithilfe eines Geodreiecks kontrollieren, ob sie gerade sitzen. Die Dreiecke einleimen und von Front und Rückwand aus annageln.

6 2 Rechtecke im Format 12,5 cm x 9,5 cm aus Resten eines Zaunbretts zusägen: Daraus werden Fächer für zusätzliche Sämereien. Eine Längsseite beider Rechtecke im 45°-Winkel auf Gehrung sägen und die Teile so in das linke und rechte Fach des Futterkastens einleimen und annageln, dass die 45°-Schräge an der Rückwand anliegt und die Vorderkante bündig mit den Kanten der Dreiecksteile abschließt.

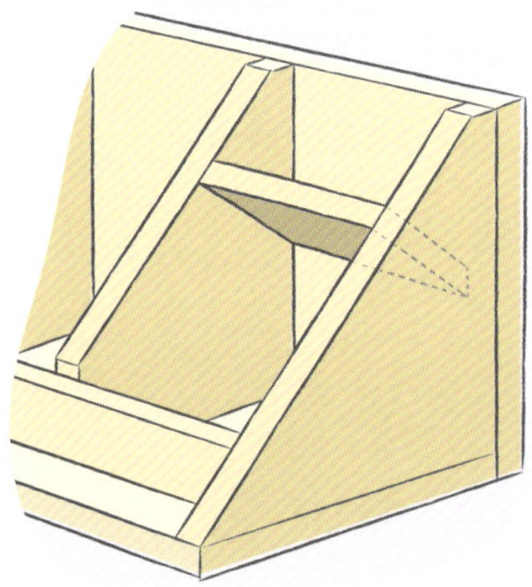

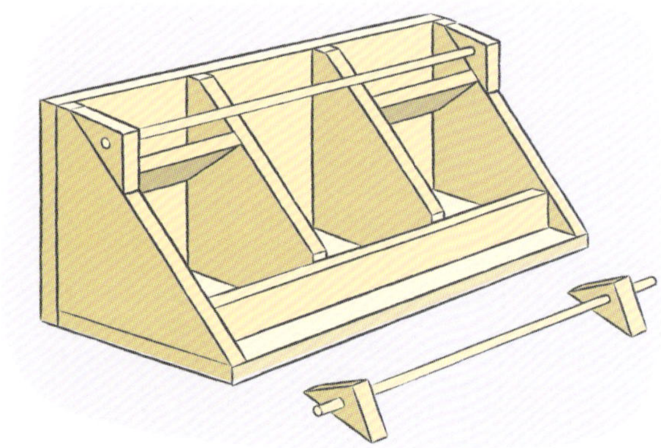

7 Aus Holzresten 2 Quadrate mit 6,5 cm Seitenlänge zusägen und diagonal halbieren, sodass 4 rechtwinklige Dreiecke entstehen. In die Mitte jedes Dreiecks mit einem 6-mm-Holzbohrer ein Loch bohren. Einen 47 cm langen Rundholzstab (Ø 6 mm) durch die Löcher in 2 Dreiecken schieben und die Dreiecke mit der Längsseite so an die großen Dreiecke an den Seiten des Futterkastens leimen und nageln, dass die Oberkanten mit der Oberkante des Kastens bündig abschließen. Durch die beiden verbleibenden Dreiecke ebenfalls einen 47 cm langen Rundholzstab stecken und die Dreiecke ca. 2,5 cm von der Unterkante entfernt aufleimen und annageln.

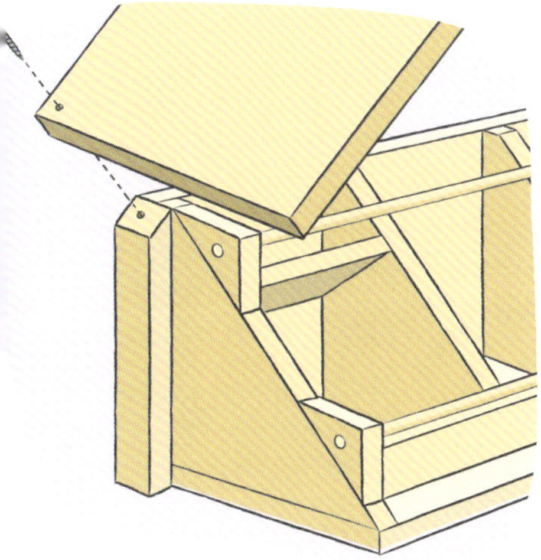

8 Von der 4 cm x 2 cm starken Holzleiste 2 Stücke von jeweils 19 cm Länge absägen. Jeweils eine Schmalseite im 45°-Winkel auf Gehrung sägen. Die Leisten als Stützen für das Dach bündig mit der Rückwand an die Seitenwände des Futterkastens leimen und nageln (siehe Grafik links). Die großen Dachteile jeweils an einer Schmalseite im 22,5°-Winkel auf Gehrung sägen. Mit einem 3-mm-Holzbohrer Löcher durch die Dachteile in die jeweiligen Stützen bohren, um später 40 mm lange Schrauben eindrehen zu können.

9 Beide Schmalseiten des mittleren Dachteils im 22,5°-Winkel auf Gehrung sägen. Die Teile für das Dach probehalber zusammenfügen, um sicherzugehen, dass die Sägeschnitte exakt gelungen sind. Die Leiste für die mittlere Dachstrebe zwischen dem Dach und der Rückwand platzieren. Die Dachteile entlang der abgeschrägten Kanten zusammenleimen und -nageln und das Dach auf das Futterhaus aufsetzen. Das mittlere Dachteil auf die Mittelstrebe aufleimen und annageln.

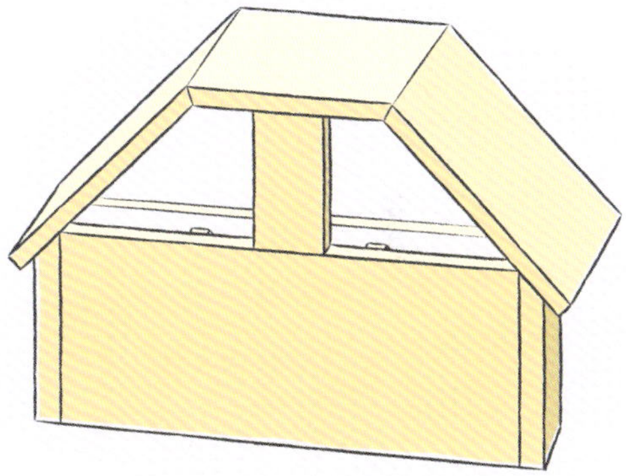

10 Zwei weitere 19,5 cm lange Stücke von der 4 cm x 2 cm starken Holzleiste absägen und an jeweils einer Schmalseite im 45°-Winkel auf Gehrung sägen. Diese Leisten als Stützen für das Dach vorne an die Seitenwände und unter die Dachschräge leimen und nageln (siehe Grafik links).

11 Mit einem 3-mm-Holzbohrer jeweils ein Loch durch die Basis der Leiste in den Boden des Futterhauses bohren und eine 30 mm lange Schraube eindrehen. Ein weiteres Loch durch die Ecke des Daches in die Leiste bohren und eine 40 mm lange Schraube eindrehen. Die Rückwand mittig durchbohren und von hinten eine 60 mm lange Schraube zum Aufspießen von Fruchtscheiben eindrehen.

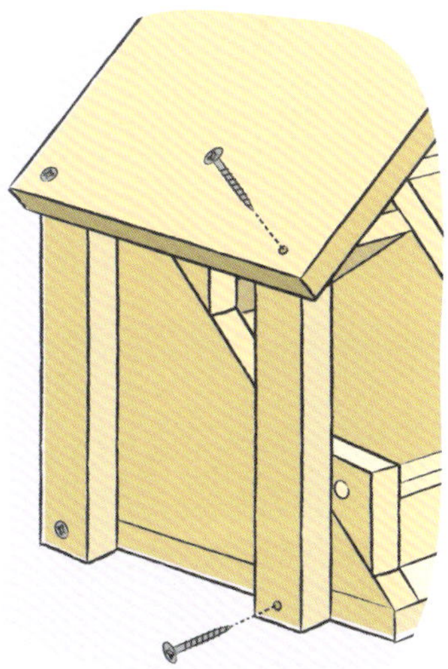

12 Das Futterhaus für den Anstrich vorbereiten (siehe Seite 10, Schritt 10). Das Futterhaus von außen mit roter Farbe anstreichen. Innen, wo die Vögel sitzen und fressen sollen, bleibt das Holz naturbelassen. Das Futterhaus von außen transparent lackieren (siehe Seite 132).

13 Die Mitte der Kasten-Unterseite mit Bleistift markieren. Einen Pfostenträger mit Rohrgewinde (Ø 2,5 cm) mittig über diesem Punkt anschrauben und einen Rohrstutzen einschrauben. Das Futterhaus mithilfe eines Metallrohrs und zweier Armiereisen im Garten aufstellen (siehe Seite 137).

Bieten Sie den Vögeln, die Ihren Garten besuchen, ein Büffet voller Leckereien an. Auf eine Schraube, die aus der Mittelwand ragt, können Sie Apfel- oder Orangenscheiben oder Maiskolben spießen. Die beiden Fächer bieten Platz für verschiedene Arten von Körnerfutter. Reinigen Sie das Futterhäuschen, bevor Sie es wieder auffüllen, und vergewissern Sie sich täglich, dass das Futter nicht verdorben ist.

Haussperling
(Passer domesticus)

Vogelbüffet

Material und Werkzeug

- 1 Zaunbrett, 180 cm x 14 cm x 13 mm
- 1 Zaunbrett, 180 cm x 9 cm x 13 mm
- Holzleim, wasserfest
- Nägel, rostfrei, 25 mm lang
- 14 Senkkopfschrauben, rostfrei, 30 mm lang
- 2 Stücke Rundholzstab, Ø 8 mm, 10 cm lang, für die Sitzstangen
- 2 Senkkopfschrauben, rostfrei, 60 mm lang
- Sandpapier, 80er-Körnung
- Holzkitt, überstreichbar
- Bastelfarbe, witterungsbeständig, in Rot
- 1 alter Haken oder Wirbel zum Aufhängen des Futterhauses
- dicker, schwarzer Draht, 2 x 30 cm, 1 x 60 cm
- Klarlack auf Wasserbasis, witterungsbeständig
- Grundausstattung an Werkzeug (siehe Seite 132)

Größe
ca. 32 cm x 19 cm x 26,5 cm

Holzzuschnitt
Fassade: 28,5 cm x 14 cm (1 x)
Dach: 15 cm x 14 cm (2 x)

1 Das Teil für die Fassade im 45°-Winkel zu einer Spitze sägen und die abgesägten Dreiecke aufbewahren. Ein Loch mit einem Durchmesser von 2,5 cm 20 cm von der Unterkante entfernt in die Fassade bohren oder sägen. Jeweils eine Schmalseite der Dachteile im 45°-Winkel auf Gehrung sägen. Die Dachteile an den abgeschrägten Kanten zusammenleimen und -nageln.

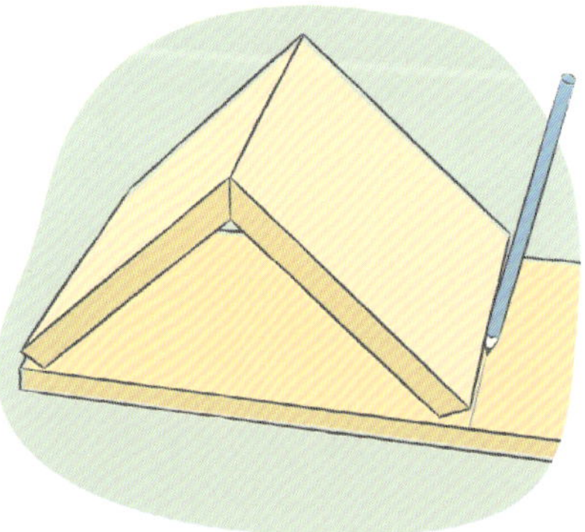

2 Das fertige Dach auf ein 14 cm breites Zaunbrett legen und das Ende des Daches anzeichnen. Das Brett an der Linie absägen: Dies ist die Größe des Bodens für das Futterhaus.

3 Die Fassade mittig auf den Boden leimen und nageln. Beidseitig eines der abgesägten Dreiecke an Fassade und Boden anleimen und annageln, um die Fassade zusätzlich zu fixieren.

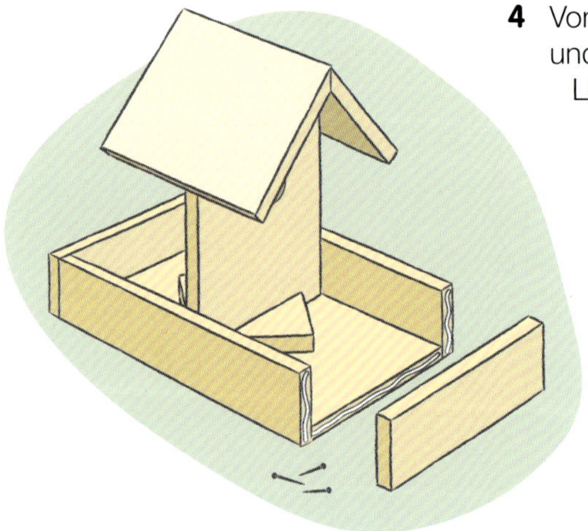

4 Vom 9 cm breiten Zaunbrett 2 Stücke in der Länge des Bodenteils absägen und beidseitig an den Boden anleimen und annageln. Dann 2 Stücke in der Länge des Bodens einschließlich der angesetzten seitlichen Leisten von dem 9-cm-Brett absägen und an die Schmalseiten des Futterkastens leimen und nageln.

5 Mit einem 3-mm-Holzbohrer an beiden Enden von Front und Rückwand und in der Mitte der Seitenwände Löcher vorbohren und die Wände des Futterkastens mit 30 mm langen Schrauben zusätzlich zusammenhalten.

6 Mit einem 8-mm-Holzbohrer 2 Löcher unterhalb des großen Lochs in die Fassade bohren und die Rundholzstäbe als Sitzstangen einsetzen. Mit einem 3-mm-Holzbohrer ein Loch mittig unterhalb der Sitzstangen in die Fassade bohren und eine 60 mm lange Schraube zum Fixieren von Obstscheiben eindrehen. 25 mm darunter ein zweites Loch bohren, diesmal aber die Schraube von der anderen Seite her eindrehen.

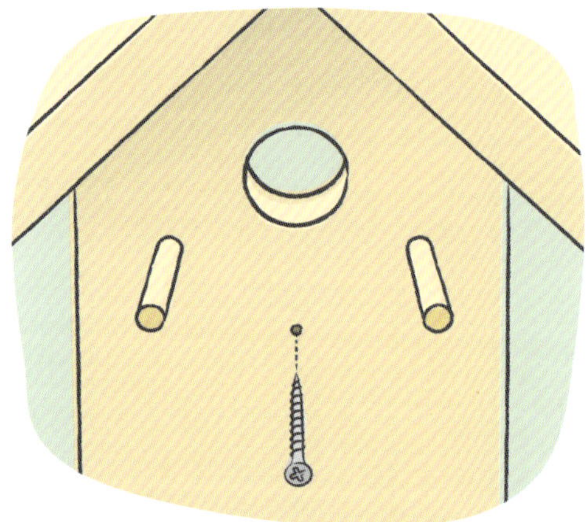

7 Das Futterhäuschen für den Anstrich vorbereiten (siehe Seite 10, Schritt 10), dann die Oberseite des Daches und die Außenseiten des Futterkastens rot streichen. Damit die Vögel gesund bleiben, die Fassade und das Innere des Futterkastens nicht streichen. Die Farbe trocknen lassen und die farbigen Teile transparent lackieren (siehe Seite 132).

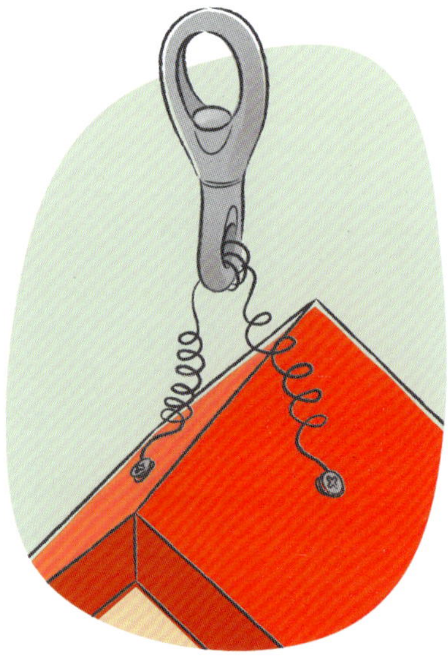

8 Mit einem 3-mm-Holzbohrer ein Loch in der Mitte beider Dachseiten vorbohren und jeweils eine 30 mm lange Schraube ein Stück weit eindrehen. Ein 60 cm langes Stück Draht um einen Pinselstiel wickeln, sodass eine Spirale entsteht. Die Mitte der Drahtspirale zum Aufhängen des Häuschens einige Male um den alten Haken oder Wirbel wickeln, dann je ein Ende um eine der beiden Schrauben am Dach wickeln und die Schrauben festziehen.

9 Mit einem 3-mm-Holzbohrer ein Loch in jede Ecke des Daches bohren. Die 30 cm langen Drahtstücke spiralförmig aufwickeln, wie oben beschrieben, dann jedes Drahtende durch ein Loch im Dach stecken, sodass die Drähte auf der Vorderseite und auf der Rückseite der Fassade hängen. Die Drahtenden über dem Dach verdrillen, um sie zu fixieren.

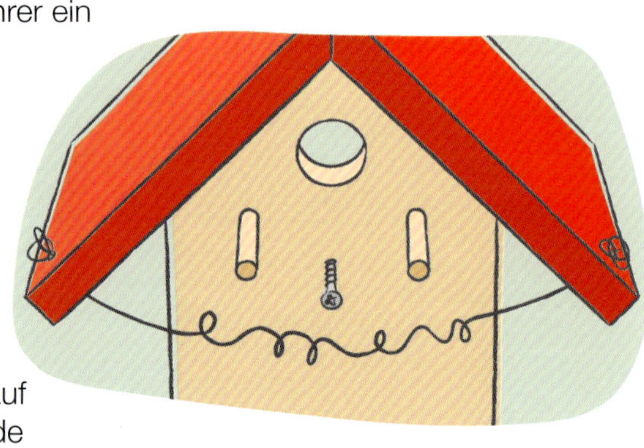

Alle Vögel suchen nach Material zum Nestbau und zum Auspolstern ihres Nests – und manchmal vergreifen sie sich dabei an Dingen, die wir ihnen lieber nicht überlassen möchten. Bieten Sie ihnen lieber gleich eine Auswahl an Nistmaterial an, in der Hoffnung, dass sie dann Blumenampeln und Filzschnüre in Ruhe lassen. Diese Box können Sie mit Wollfäden, Schnur, Zweigen, langen Grashalmen, Ross- und Hundehaar, Moos und Kiefernnadeln füllen. Schauen Sie einfach, was die Vögel im Schnabel sammeln und in den Sonnenuntergang hinaustragen.

Gitterbox für Nistmaterial

Material und Werkzeug

- 90 cm Vierkantholzleiste aus Hartholz, 2,5 cm x 2,5 cm
- 90 cm eines Zaunbretts, 14 cm x 13 mm
- Holzleim, wasserfest
- Nägel, rostfrei, 25 mm lang
- Kehlblech, rostfrei, 18 cm x 12,5 cm
- 4 Maschinenschrauben mit Muttern
- 4 Senkkopfschrauben, rostfrei, 30 mm lang
- Sandpapier, 80er-Körnung
- Holzkitt, überstreichbar
- Sprühfarbe auf Ölbasis, wasserfest, in Waldgrün
- Kükendraht, 66 cm x 23 cm
- Tacker und Tackerklammern, 6 mm
- 2 Zierösen (Scrapbooking-Zubehör aus dem Bastelgeschäft)
- 2 Schraubösen
- 2 kleine S-Haken, 1 großer S-Haken
- 2 x 30 cm Metallkette

Größe

23 cm x 14 cm x 12,5 cm

Holzzuschnitt

Boden und Deckplatte:
14 cm x 12,5 cm (2 x)
Dach: 18 cm x 12,5 cm (1 x)

1 Ein Loch mit einem Durchmesser von 5 cm in die Mitte der Deckplatte bohren oder sägen. Aus der 90 cm langen Vierkantleiste 4 jeweils 20 cm lange Stücke sägen. Die 4 Streben auf die Ecken des Bodenteils leimen und nageln, dann die Deckplatte auf die Streben leimen und nageln: Fertig ist das Grundgerüst.

2 Ein Loch mit einem Durchmesser von 5 cm in die Mitte des Dachteils bohren oder sägen. Das Blechrechteck und das Dachteil mithilfe von Zwingen passgenau zusammenhalten. Mit einem 1,5-mm-Bohrer in jeder Ecke ein Loch vorbohren, dann mit einem 4-mm-Bohrer durch Metall und Holz bohren. Das Blech beiseitelegen. 30 mm lange Metallschrauben von unten durch das Holz stecken und mit Muttern sichern.

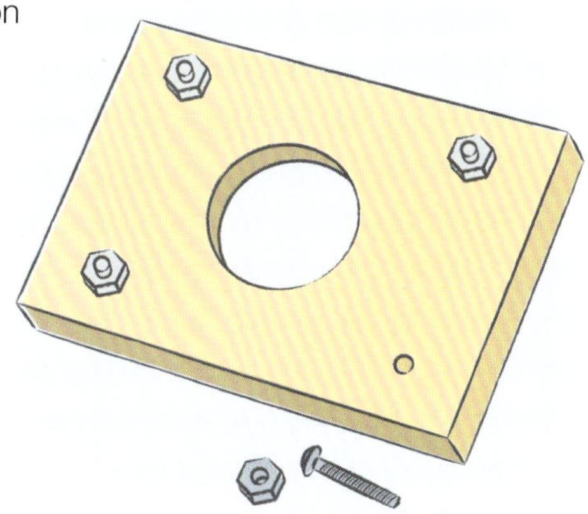

Dunenspecht (Picoides pubescens)

3 Das Dach mit Leimzwingen an der Deckplatte der Box befestigen, sodass die großen Löcher in beiden Teilen übereinstimmen. Mit einem 3-mm-Holzbohrer 2 Löcher durch beide Teile vorbohren und 30 mm lange Schrauben eindrehen.

4 Die Box für den Anstrich vorbereiten (siehe Seite 10, Schritt 10) und anschließend mit waldgrüner Farbe einsprühen. Die Farbe trocknen lassen.

5 Den Kükendraht mit einem Drahtschneider passend zu Umfang und Höhe der Box zuschneiden und dann mit einem Tacker am Holz befestigen. Die Drahtenden des Gitters so nahe wie möglich an der Kante der Box abschneiden, dann alle scharfen und spitzen Kanten ins Holz drücken.

6 Mit einem Hammer die Zierösen vorsichtig in der Mitte beider Schmalseiten des Deckels anbringen. Mit einem 1,5-mm-Bohrer ein Loch in die Mitte jeder Öse bohren und eine Schrauböse einschrauben. Einen kleinen S-Haken in jede Schrauböse einhängen und ein Ende einer 30 cm langen Kette daran befestigen. Die beiden Kettenstücke in der oberen Mitte mit dem großen S-Haken verbinden.

7 Die Schraubenmuttern der Metallschrauben am Dach entfernen, jedoch die Schrauben im Holz lassen. Die Metallplatte auf das Dach auflegen, sodass die Schrauben durch die Schraublöcher im Blech passen. Die Schraubenmuttern wieder aufschrauben, sodass das Blech befestigt ist. Die Metallplatte kann nun leicht abgenommen werden, wenn die Box befüllt werden soll.

Diese handgearbeitete Futtersäule aus Kiefernzapfen eignet sich hervorragend dazu, Vögel in den Garten zu locken. Sie ist einfach anzufertigen und sicher für die Vögel – ein Freude für die ganze Familie. Die Kiefernzapfen vor der Verarbeitung waschen, um sie von Schmutz und Insekten zu befreien, dann trocknen lassen. Die Zapfen werden sich nach dem Waschen zunächst schließen, öffnen sich in der Sonne aber rasch wieder. Hängen Sie die Futtersäule über einer grasbewachsenen Stelle auf, damit die Vögel alle zu Boden gefallenen Körner aufpicken können.

Zapf(en)säule

Material und Werkzeug

- 7 Kiefernzapfen in möglichst unterschiedlichen Größen
- 60 cm Vierkantholzleiste, 5 cm x 5 cm
- 1 T-Nutenstein
- Sprühfarbe auf Ölbasis oder Bastelfarbe, witterungsbeständig, in Dunkelbraun
- 25 cm dicker Draht für die Eicheln
- 3 Eicheln (optional)
- Raffia-Bast (optional)
- 1 Päckchen Gelatinepulver
- 60 ml Wasser
- ca. 150 g Körnerfutter

1 Löcher in die Achse der Kiefernzapfen vorbohren. Es empfiehlt sich, dabei Lederhandschuhe zum Schutz der Finger zu tragen.

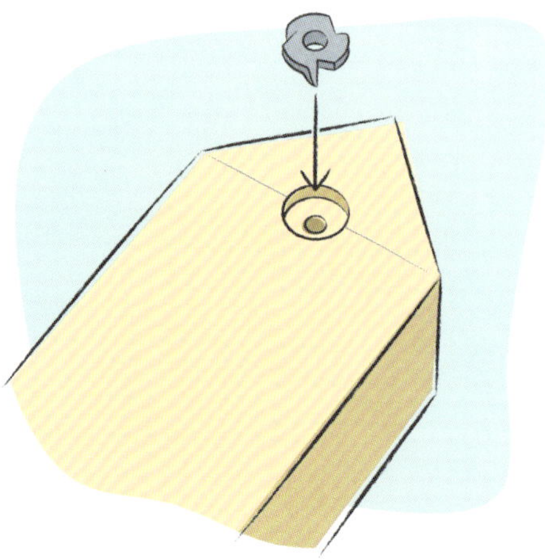

2 Ein Ende der Holzleiste zu einer Spitze sägen. Mit einem 3-mm-Bohrer ein Loch für den Aufhängedraht mittig durch die Leiste bohren (siehe Grafik links). Einen T-Nutenstein in das Loch einsetzen (siehe Seite 135), damit das Holz nicht durch den Draht beschädigt wird. Die Leiste braun anstreichen.

3 Ein 25 cm langes Stück Draht durch das Loch in der Leiste führen und die Enden mehrere Male miteinander verdrillen, um sie zu sichern. Die Drahtschlinge als Aufhänger 4 cm unterhalb des oberen Endes verdrillen.

4 Nun die Kiefernzapfen an der Leiste montieren: Für den größten Zapfen mit dem 3-mm-Holzbohrer ein Loch durch die Mitte der Leiste bohren und den Zapfen mit einer 60 mm langen Schraube befestigen. Die anderen Zapfen in absteigender Größe nach oben und unten genauso anbringen.

5 Jeweils ein kleines Loch durch die Basis der 3 Eicheln bohren. Ein 25 cm langes Stück Draht durch die Löcher in den Eicheln führen und die Eicheln gleichmäßig auf dem Draht verteilen. Die Drahtstücke zwischen den Eicheln rund um einen Bleistift spiralförmig aufwickeln.

6 Das Gelatinepulver in 60 ml kaltem Wasser einweichen und dann unter Rühren erhitzen, bis es sich aufgelöst hat. Ca. 150 g Körnerfutter untermischen und gut verrühren, bis alle Körner mit Gelatine überzogen sind. Die Mischung etwas abkühlen lassen, dann auf ein mit Backpapier bedecktes Backblech schütten. Die Körner-Gelatine-Mischung mit einem Teelöffel auf die Zapfen aufbringen und fest andrücken, dann trocknen lassen. Die Futterleiste an einem Haken aufhängen und mit den Eicheln am Draht sowie einer Schleife aus Bast verzieren.

Werkzeug und Material

Obwohl es zweifellos eine ganze Menge technischer Spielereien gibt, die Ihnen den Bau von Vogelhäusern erleichtern, können alle Modelle in diesem Buch mit einer einfachen Grundausstattung an Werkzeugen und Geräten für die Holzbearbeitung hergestellt werden.

Grundausstattung

Die folgenden Geräte und Hilfsmittel gehören zur Grundausstattung, um die in diesem Buch vorgestellten Vogelhäuser zu bauen:

- Gehrungslade
- Handsäge/Zapfensäge
- Elektrische Kapp- und Gehrungssäge
- Bohrmaschine
- Holz- bzw. Metallbohrer (Durchmesser): 1,5 mm; 3,0 mm; 4,5 mm; 7,5 mm
- Lochsäge/Lochbohrer (Durchmesser): 10 mm; 12 mm; 15 mm; 22 mm; 25 mm, 28 mm; 32 mm; 38 mm; 40 mm; 50 mm
- Hammer
- Nagelpistole
- Tacker
- Spitzzange
- Körner
- Kreuzschlitzschraubendreher, Schlitzschraubendreher
- Metallmaßband
- Geodreieck aus Metall und/oder Zeichendreieck
- Schraubstock und Zwingen
- Lappen, alte T-Shirts
- Pinsel (Größe von 6 mm bis 40 mm)
- Spachtel
- Bleistift

Holz

ZAUNBRETTER

Normalerweise bevorzugt Michele McKee-Orsini Zaunbretter aus Zedernholz, die in ihrer Heimat Kalifornien überall erhältlich sind, aber auch Zaunbretter aus Lärchenholz sind für Vogelhäuser gut geeignet, denn sie bieten mehrere Vorteile: Erstens sind sie nicht allzu teuer, zweitens ist das Holz witterungsbeständig und drittens für Vögel ideal. Auf den sägerauen Zaunbrettern finden ihre winzigen Krallen optimalen Halt; außerdem ist es unbehandelt, das heißt, die Vögel sind keinen giftigen Ausdünstungen von Farben, Lacken oder Lösungsmitteln ausgesetzt. Nicht zuletzt haben die standardisierten Zaunbretter (14 cm und 19 cm breit) das perfekte Format für die Nistkästenwände – daher können Sie einfach ohne umständliche Messungen und Markierungen so viel absägen, wie Sie benötigen. Nehmen Sie niemals Sperrholz für ein Vogelhaus, da es sich leicht verziehen und auseinanderfallen kann. Weichholz, das in der Möbelschreinerei Verwendung findet, ist ebenfalls nur schlecht geeignet, da es nicht genügend rau ist und Sie Rillen einschneiden müssen, damit die Vögel mithilfe ihrer winzigen Krallen herausklettern können. Auf keinen Fall sollten Sie für Vogelhäuser Pressspanplatten einsetzen: Sie lösen sich bei schlechtem Wetter auf und fallen auseinander, sobald Sie versuchen, Schrauben einzudrehen.

RUNDHÖLZER ALS SITZSTANGEN

Vögel benötigen einen Platz, wo sie bequem landen und sitzen können, ehe sie in das Vogelhaus schlüpfen. Dafür eignen sich Rundhölzer mit einem Durchmesser von ca. 8 mm perfekt. Als Alternative können Sie auch kleine Stücke Treibholz dafür verwenden.

VIERKANTHOLZLEISTE

Vierkantholzleisten mit einem Querschnitt von 2,5 cm x 2,5 cm lassen sich sehr gut als Dachfirst in Vogelhäusern einsetzen, die mit einer einfachen Dachkonstruktion versehen sind (siehe Seite 11). Sie können Vierkantholzleisten auch als Türgriff oder als Schutzgeländer am Vorbau verwenden.
Für einige Modelle in diesem Buch benötigen Sie außerdem Vierkantholzleisten mit anderen Maßen, beispielsweise mit rechteckigem Querschnitt, aber auch Hartholzbretter sowie Zierleisten: All das bekommen Sie normalerweise in gut sortierten Heimwerkermärkten.

Klebstoff, Farben und Lacke

Da Ihre Vogelhäuser im Freien stehen und somit den Einflüssen der Natur ausgesetzt sind, sollten sie so witterungsbeständig wie möglich sein. Achten Sie darauf, wasserfesten Holzleim und Alleskleber zu nehmen, damit die verbundenen Teile fest zusammenhalten. Um Ihr Vogelhaus farbig zu gestalten, sollten Sie am besten Außenfarbe oder Spritzlack auf Ölbasis verwenden und eine Lackierung wählen, die ebenfalls für draußen geeignet ist. Zum Abdichten setzen Sie durchsichtiges, wasser- und frostresistentes Silikon ein, das es in jedem gut sortierten Baumarkt gibt.

Vorsicht: Bemalen oder lackieren Sie niemals das Innere eines Nistkastens oder Futterhäuschens, dies könnte für die Vögel sehr gefährlich werden. Bevor Sie mit dem Streichen beginnen, verschließen Sie das Einflugloch mit zerknülltem Papier oder Klebeband, damit ja keine Farbe in das Innere des Vogelhauses tropfen kann.

Deko-Elemente

Ihrer Fantasie sind keine Grenzen gesetzt, wenn es darum geht, ein Vogelhaus zu schmücken. Viele Dinge, die ich dafür verwende, bringe ich von meinen Spaziergängen im Wald mit, beispielsweise interessant geformte Holzstücke oder Kiefernzapfen. Manches aus meiner Werkstatt wird wiederverwendet, etwa Glieder einer gebrochenen Kette, alte Bolzen oder Schrauben. Heimwerkermärkte sind ebenfalls eine gute Quelle für allerlei Zierrat – ich setze häufig Haken, Türknäufe oder Zierleisten zur Dekoration ein. Und schließlich können Sie viele hübsche Kleinigkeiten, darunter Moos und Holz als Modellbauzubehör, Druckknöpfe und Ösen, in Bastelgeschäften sowie nostalgische Schlüssel und anderes auf Trödelmärkten finden.
Machen Sie es sich einfach zur Gewohnheit, solche Dinge zu sammeln, wenn Sie unterwegs sind – Sie wissen nie, wann Sie sie verwenden können! Manchmal, wenn ich meinen Garten umgrabe, stoße ich auf einen verrosteten Wasserhahn oder rostige Nägel. Heben Sie solche Funde auf! Sie können irgendwo am Vogelhaus befestigt werden.

Holzzuschnitt

Bei den meisten Projekten in diesem Buch müssen Sie wenig zuschneiden. Trotzdem sollten Sie auch Gehrungsschnitte (normalerweise in einem 45° -Winkel, sodass die beiden Verbindungsstücke in einem rechten Winkel aufeinandertreffen) und Schrägschnitte beherrschen, bei denen eine Kante angeschrägt wird. Die meisten Modelle aus diesem Buch können Sie mit einer einfachen Gehrungslade und einer Zapfensäge anfertigen; die einzigen Ausnahmen bilden Vogelhäuser, die einen Schrägschnitt von 22,5° erfordern.

TRADITIONELLE GEHRUNGSLADE AUS HOLZ

Verwenden Sie eine traditionelle hölzerne Gehrungslade und eine Zapfensäge, um einfache Gehrungsschnitte auszuführen. Die Gehrungslade hat Schlitze im 45-Grad-Winkel (nach links und rechts geneigt) und 90-Grad-Winkel, in welche die Zapfensäge passt, sodass Sie in einem exakten Winkel zuschneiden können.

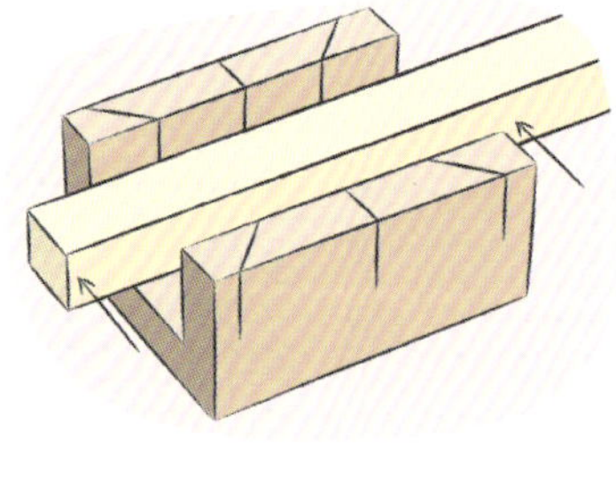

1 Legen Sie das Holzstück, das Sie zuschneiden möchten, in die Gehrungslade und drücken Sie es fest gegen den hinteren Anschlag.

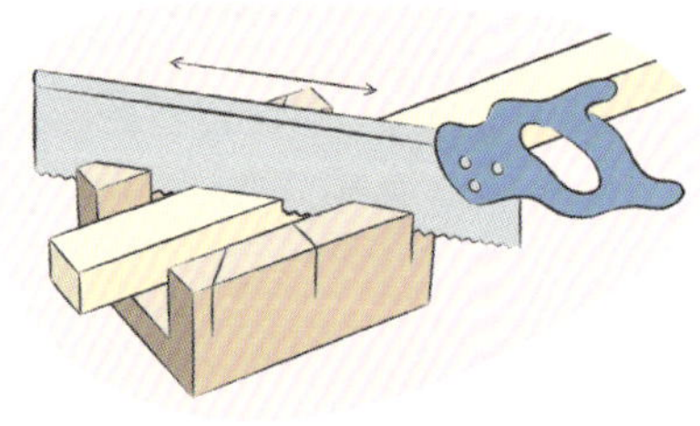

2 Setzen Sie die Zapfensäge in den entsprechenden Schlitz der Gehrungslade und sägen Sie das Holzstück in langsamen gleichmäßigen Zügen durch. Üben Sie keinen Druck aus, sondern lassen Sie das Sägeblatt die Arbeit tun; andernfalls riskieren Sie eine ernsthafte Verletzung.

VERSTELLBARE GEHRUNGSLADE

Es gibt eine Vielzahl verstellbarer Gehrungsladen auf dem Markt; damit können Sie alle Gehrungen ab einem Winkel von 45 Grad ausführen.

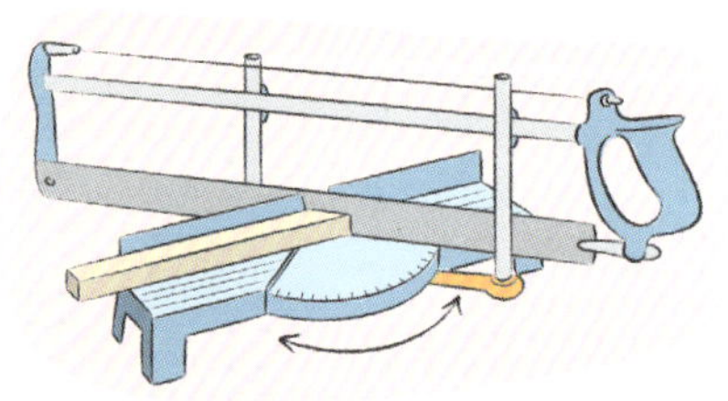

1 Stellen Sie die Säge auf den gewünschten Winkel ein, lassen Sie sie einrasten und machen Sie den Schnitt.

GEHRUNGSSÄGE MIT ZWEIFACH VERSTELLBARER WINKELFUNKTION

Diese elektrische Gehrungssäge ermöglicht Gehrungsschnitte sowie das Anschrägen von Rändern. Außerdem können Sie zur selben Zeit den Gehrungswinkel und den Fasenwinkel verändern. Dementsprechend ist dieses Gerät wesentlich teurer als die anderen, doch wenn Sie viel mit Holz arbeiten, lohnt sich die Anschaffung auf jeden Fall, da es sehr leicht zu bedienen ist und Sie damit sehr viel Zeit sparen.

Gehrungsschnitt
Für einen Gehrungsschnitt einfach das Sägeblatt nach rechts oder links in den passenden Winkel fahren und feststellen.

Fasenschnitt
Für einen Fasenschnitt wird das Sägeblatt in den gewünschten Winkel gekippt und festgestellt. Beachten Sie, dass manche Sägeblätter nur nach links geneigt werden können, während duale Gehrungssägen sowohl nach links wie nach rechts geneigt werden können.

Holzteile verbinden

Einzelne Stücke zu verbinden ist nicht schwer, wenn Sie das richtige Werkzeug dafür besitzen. Auf jeden Fall ist ein Schraubstock hilfreich, um Stücke zusammenzuleimen und aneinanderzunageln. Zwingen sind unverzichtbar – damit können Sie beim Nageln die Holzstücke verbinden und verhindern, dass sie sich verziehen.

Leimen und Nageln

Verwenden Sie stets witterungsbeständigen Kleber und verzinkte Nägel, das verleiht Ihren Bauteilen zusätzliche Stabilität. Sie können sie auch mit speziellen rostfreien Schrauben für den Außenbereich verbinden, das macht das Vogelhaus noch robuster. Denken Sie daran, mit Vorbohrung für die Schrauben zu arbeiten (siehe unten).

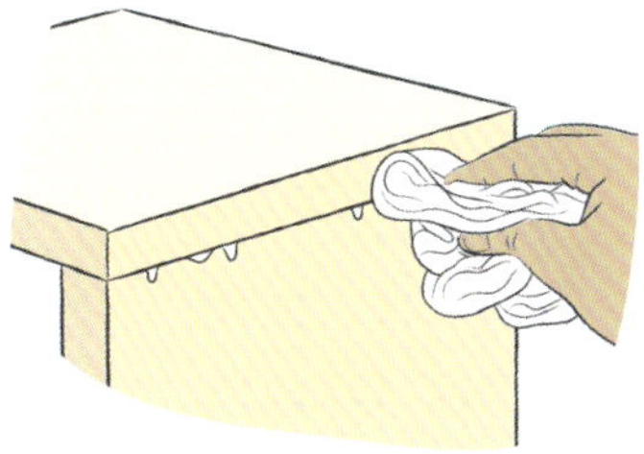

1 Geben Sie eine kleine Menge witterungsbeständigen Holzleim in die Mitte der beiden Kanten, die Sie miteinander verbinden möchten.

2 Pressen die beiden Teile fest zusammen und wischen Sie austretenden Leim sofort mit einem alten Lappen weg.

3 Mithilfe einer Nagelpistole schießen Sie 25 mm lange Nägel durch beide Teile. Um Verletzungen zu vermeiden, sollten Sie darauf achten, Ihre Finger nicht in die Nähe der Stellen zu bringen, an denen die Nägel austreten könnten.

Versenkte Schrauben

Eine Schraube zu versenken bedeutet nichts weiter, als sie so weit ins Holz zu drehen, dass sie plan mit der Oberfläche abschließt. Es gibt einen speziellen Bohrer dafür, damit können Sie eine kleine Vertiefung im Holz über Ihrer Vorbohrung erzielen. Dadurch schließt der Schraubenkopf völlig eben mit der Holzoberfläche ab. Sie sollten den Schraubenkopf nicht tiefer eindrehen, sonst könnte Wasser eindringen und das Holz sprengen.

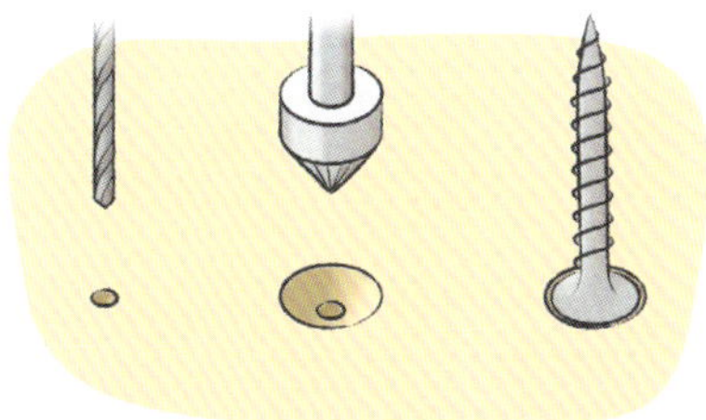

1 Legen Sie zuerst eine Vorbohrung für die Schraube an (siehe oben). Danach wechseln Sie auf einen Versenkbohrer und bohren eine kleine Vertiefung über die Vorbohrung. Setzen Sie den Kopf der Schraube in das Loch, um zu prüfen, ob es groß genug ist. Das Loch sollte einen etwas größeren Durchmesser als der Schraubenkopf haben.

2 Drehen Sie die Schraube so tief ein, bis der Kopf bündig mit der Oberfläche des Holzteils abschließt. Füllen Sie überstreichbaren Holzkitt ein, lassen Sie das Ganze trocknen, dann schleifen Sie den Holzkitt ab, bis die Oberfläche wieder glatt und eben ist.

Tipp Füllen Sie Nagel- und Schraubenlöcher zuerst mit Klebstoff, anschließend mit überstreichbarem Holzkitt. Der Klebstoff hält die Feuchtigkeit von den Nägeln fern und verhindert, dass sie sich bei unterschiedlicher Witterung allzu sehr ausdehnen und wieder zusammenziehen. Der Holzkitt sorgt für eine glatte Oberfläche, die ideal zum Anmalen ist.

Vorbohren und Schrauben eindrehen

Bei der Vorbohrung wird zunächst ein kleines Loch gebohrt, ehe man die Schraube in das Holz dreht. Dadurch verhindert man, dass die Schraube das Holz spaltet; außerdem wird die Schraube gerade eingedreht, da sie dem Gang der Vorbohrung folgt. Denken Sie daran, dass die Bohrerspitze aufgrund der Reibung sehr heiß werden und ernsthafte Verbrennungen an Fingern und Händen verursachen kann.

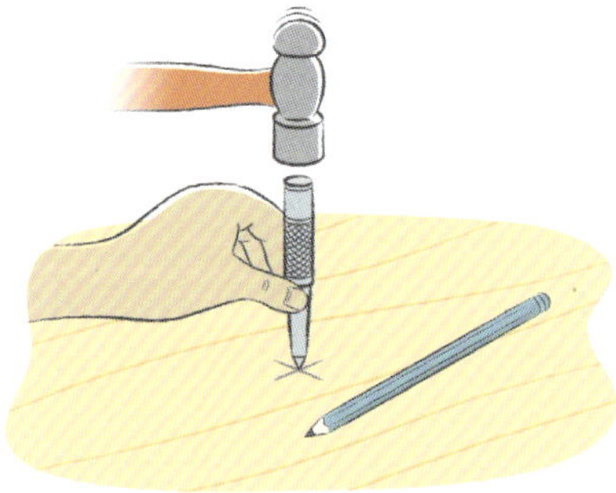

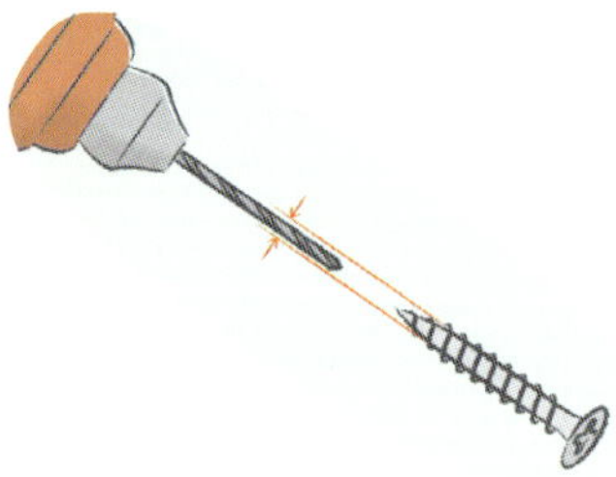

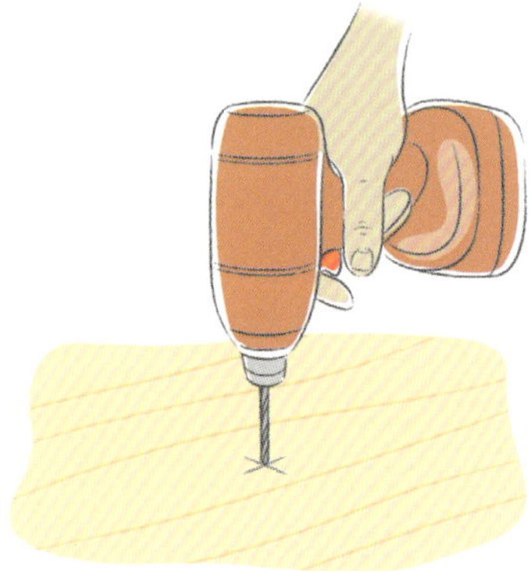

1 Markieren Sie mit einem Bleistift die Stelle auf dem Holz, an der Sie die Schraube eindrehen möchten. Dann schlagen Sie eine kleine Vertiefung mit einem Körner, das ist ein schmales längliches Werkzeug mit einer gehärteten Spitze. Dadurch wird verhindert, dass der Bohrer abrutscht, wenn Sie mit der Vorbohrung beginnen. Stellen Sie die Spitze des Körners auf die Markierung und schlagen Sie vorsichtig einmal kurz mit dem Hammer auf den Körner. (Für sehr kleine Schrauben können Sie stattdessen auch eine Ahle verwenden.)

2 Legen Sie den passenden Bohrer in die Maschine ein: Für eine Vorbohrung sollte der Bohrer kleiner als der Durchmesser der Schraube sein, die Sie benötigen. Für die Projekte in diesem Buch ist in der Regel ein 3-mm-Bohrer ausreichend. (Außerdem können Sie die Vorbohrung jederzeit erweitern, falls es nötig ist.)

3 Setzen Sie die Spitze des Bohrers in die kleine Vertiefung, die Sie in Schritt 2 angebracht haben, und richten Sie den Bohrer in dem für die Schraube beabsichtigten Winkel aus. Anschließend bohren Sie ein Loch, das der Länge der Schraube entspricht, und ziehen den Bohrer vorsichtig wieder aus dem Holz.

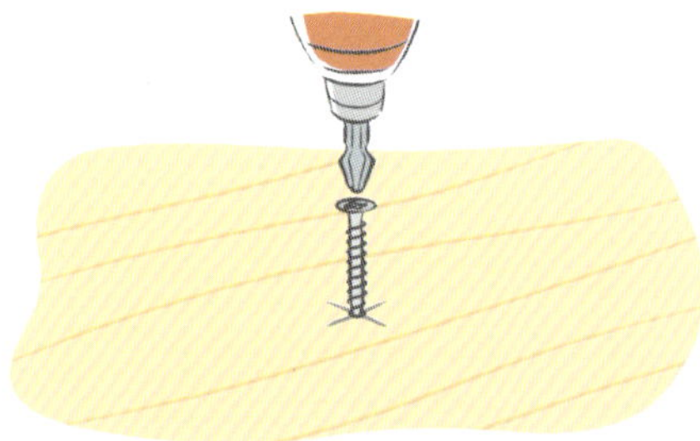

4 Wählen Sie den passenden Schraubendrehereinsatz, stecken Sie die Spitze der Schraube in die Vorbohrung und drehen Sie die Schraube fest. Achten Sie darauf, dass der angepeilte Winkel dem vorgebohrten Loch entspricht.

Vogelhäuser auf Pfosten montieren

Einen Nistkasten oder ein Futterhäuschen auf einer Metallstange hoch über dem Boden zu montieren empfiehlt sich, um die Vögel vor Katzen oder Mardern zu schützen. Das Material für die hier beschriebene Methode bekommen Sie in der Elektro- und Gartenabteilung Ihres Heimwerkermarktes: zum Beispiel Pfostenträger und Rohrverbindungsstücke (Rohrstutzen), die allgemein für elektrische Leitungen verwendet werden, sowie Armiereisen (Bewehrungsstäbe).

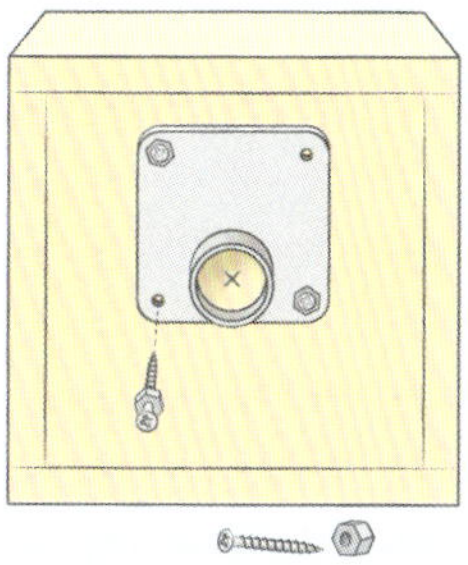

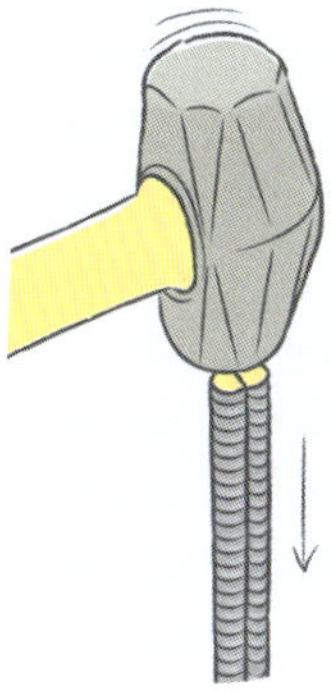

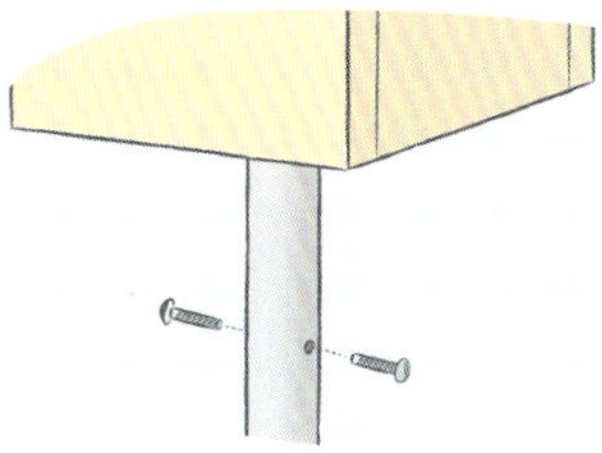

1 Markieren Sie die Mitte der Basis Ihres Vogelhauses und halten Sie das Gewindeloch des Pfostenträgers darüber. Markieren Sie die Schraubenlöcher mit einem Bleistift, dann arbeiten Sie an diesen Stellen mit einem 3-mm-Bohrer vier Vorbohrungen her. Stecken Sie Beilagscheiben auf die 30 mm langen rostfreien Schrauben und drehen Sie die Schrauben ein, um den Pfostenträger an der Vogelhausbasis zu befestigen. Wenn die Gefahr besteht, dass die Spitzen der Schrauben ins Vogelhaus ragen, verwenden Sie Metallschrauben mit Kontermutter, sodass innerhalb des Häuschens die Muttern auf den Enden der Schrauben sitzen.

2 Drehen Sie einen Rohrstutzen (Ø 2,5 cm, 15 cm lang) in den Pfostenträger ein und schieben Sie ihn anschließend auf ein hohles, verzinktes Metallrohr.

3 Legen Sie fest, wo das Vogelhaus stehen soll. Mit einem Vorschlaghammer schlagen Sie zwei 1,2 m lange Bewehrungsstäbe (Armiereisen) ca. 30–45 cm tief in den Boden, bis sie fest verankert stehen. Alternativ können Sie die Bewehrungsstäbe auch in Beton setzen: Graben Sie ein 30 cm tiefes Loch, füllen Sie es mit schnell abbindendem Beton aus und stecken Sie die Stäbe hinein, ehe der Beton fest wird. Schieben Sie dann das verzinkte Metallrohr über die Bewehrungsstäbe.

4 Um das Vogelhaus stabil an seinem Platz zu halten, bohren Sie gegenüberliegende Löcher in das Metallrohr, setzen Schrauben ein und drehen sie gegen die Bewehrungsstäbe mithilfe einer Ratsche fest (optional).

Vogelhäuser aufhängen

Vogelhäuser können an der Vorrichtung für eine Pflanzenampel, an einem Ast im Baum oder an einer Dachrinne aufgehängt werden – Hauptsache, der Ort ist für Raubtiere nicht zugänglich. Ein guter Tipp für Aufhänger sind Rohrschellen oder Bindedraht, den Sie durch das Dach oder die Seitenwände ziehen – das verleiht dem Ganzen ein natürlicheres Aussehen.

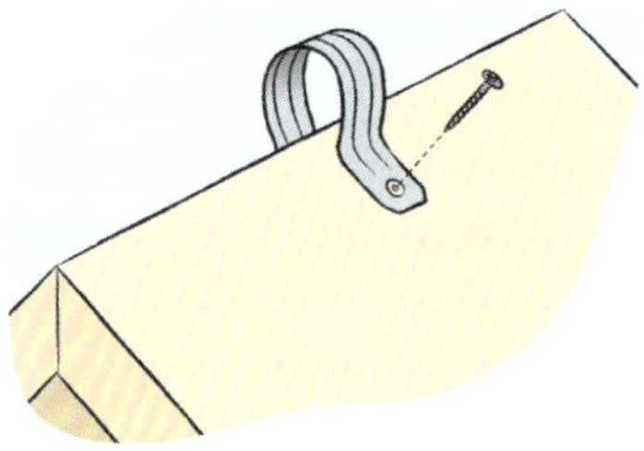

1 Biegen Sie mithilfe einer Flachzange eine Rohrschelle (25 mm) mit zwei Löchern so zurecht, dass sie auf die beiden Seiten des Daches passt. Messen Sie die Mitte des Dachfirsts aus, platzieren Sie die Rohrschelle direkt darüber und markieren Sie die beiden Löcher mit einem kleinen Bleistiftpunkt.

2 Nehmen Sie einen 1,5-mm-Bohrer und bohren Sie an den beiden Markierungen je ein Loch. Dann setzen Sie die Rohrschelle darüber und befestigen sie mit zwei rostfreien 20-mm-Holzschrauben. Achten Sie darauf, die Schrauben nicht zu überdrehen.

3 Sie können das Vogelhaus entweder direkt an einem Metallhaken in Ihrem Garten aufhängen oder einen Draht durch das Verbindungselement ziehen und das Haus damit befestigen.

Instandhaltung

Mit einem Minimum an Pflege haben Sie viele Jahre an Ihrem Vogelhaus Freude. Die Vögel werden immer wieder gern zu diesem Futterplatz oder Nistkasten zurückkommen, um hier zu fressen oder ihre Jungen aufzuziehen.

Sobald die Jungvögel ausgeflogen sind und auch die Altvögel das Vogelhaus verlassen haben, nehmen Sie das Nest heraus und machen das Innere sauber, damit der Nistkasten für die nächste Saison bereit ist. Alle Modelle in diesem Buch haben leicht zugängliche Öffnungsklappen, um die Reste auf schnelle und praktische Art zu entfernen. Tragen Sie dabei unbedingt Einweghandschuhe, um sich nicht selbst mit Parasiten und Krankheitsüberträgern zu infizieren, die sich möglicherweise im Nest befinden. Vögel kehren jedes Jahr zu ihrem Nest zurück; trotzdem sollten Sie das alte Nest entfernen und den Nistkasten mit Wasser und Seife auswaschen (auf keinen Fall Bleichmittel oder andere scharfe Chemikalien verwenden!), damit sich keine Bakterien vermehren, die bei den Nestlingen Krankheiten auslösen könnten. Warten Sie, bis das Innere des Vogelhauses vollständig trocken ist; dann können Sie es wieder an seinen ursprünglichen Platz stellen.

Fast alle in diesem Buch aufgeführten Vogelhäuser wurden mit witterungsbeständigem Klarlack auf Wasserbasis behandelt. Diese Methode schützt jedoch nicht ewig. Nachdem Sie das Nest entfernt und alles gereinigt haben, sollten Sie das Vogelhaus neu lackieren. Lassen Sie es einige Tage trocknen, ehe Sie es wieder an seinen alten Platz stellen. Wiederholen Sie diese Prozedur jedes Jahr, am besten einige Monate, bevor die Vögel mit dem Nestbau beginnen.

Wenn extreme Witterungsbedingungen herrschen, sollten Sie Ihr Vogelhaus nach drinnen oder zumindest auf eine überdachte Veranda bringen.

Sicherheit für Vögel

Jeder möchte, dass in seinem Garten Vögel nisten; allerdings müssen dafür einige wichtige Sicherheitsvorkehrungen getroffen werden, damit unsere gefiederten Freunde keinen Schaden nehmen.

- Bauen Sie Ihr Vogelhaus nur aus unbehandeltem, unlackiertem Holz, da Lacke und Holzschutzmittel für Vögel schädlich, mitunter sogar tödlich sein können. Ich verwende grundsätzlich unbehandelte Zaunbretter, da sie die optimalen Maße für Nistkästen für kleinere Höhlenbrüter haben. Die Bretter bleiben auf beiden Seiten sägerau, damit die Vögel mit ihren kleinen Füßen und winzigen Krallen guten Halt finden, wenn sie das Vogelhaus verlassen möchten.
- Wichtig sind auch eine gute Ventilation und Entwässerung. Die doppelte Dachkonstruktion der meisten Vogelhäuser ermöglicht eine hohe Ventilation und liefert den Vögeln ausreichend Kühlung. Wo Belüftungslöcher notwendig sind, werden sie auf jeder Seite des Vogelhauses genau unter dem Dachgesims angebracht, und zwar leicht nach außen abfallend, damit Wasser nicht ins Innere des Nistkastens laufen kann. Falls unter der Basis des Vogelhauses eine Veranda ist, bohren Sie einfach ein Loch in die Mitte, damit das Wasser ablaufen kann. Auf diese Weise haben es die Vögel schön trocken. Schließlich wollen Sie zu Hause ja auch keine nassen Füße bekommen, oder?
- Viele Leute fragen mich, ob die Vögel überhaupt durch die schmalen Einfluglöcher passen. Die Antwort lautet ja. Vögel, die in einem Nistkasten brüten, bevorzugen generell kleine Löcher; nur wenige Arten benötigen einen größeren Brutraum, und die Nistkästen sollten dann hoch über dem Boden angebracht sein. Ich habe niemals beobachtet, dass ein Vogel einen Nistkasten abgelehnt hätte, weil das Einflugloch (normalerweise 2 bis 3 cm im Durchmesser) zu groß oder zu klein war. Wenn es passt, dann heißt es: „Home, sweet home!“
- Wenn Sie Ihr Vogelhaus bemalen und lackieren, achten Sie darauf, das Einflugloch mit zerknülltem Papier oder Klebeband zu verschließen, damit keine Farbe und kein Lack in das Innere gelangen können. Lassen Sie Farbe und Lack einige Tage lang trocknen, ehe Sie das Vogelhaus im Garten aufstellen, wo die Vögel es inspizieren können. Dann können Sie sicher sein, dass sich alle schädlichen Ausdünstungen und Gifte zerstreut haben und die Vögel nicht davon abhalten, das neu gestaltete Haus zu beziehen.
- Bringen Sie eine kleine Sitzstange an, die ein Stück aus dem bzw. in den Nistkasten ragt. Auf diese Weise können Vögel ihr neues Heim bequem in Augenschein nehmen. Bedenken Sie aber, dass die Stange auch einem Raubtier auf der Suche nach Jungvögeln Halt bieten könnte. Sie darf daher nicht zu weit über den äußeren Rand des Vogelhauses hinausragen.
- Überlegen Sie genau, wo Sie Ihr Vogelhaus aufstellen. Ein bisschen Sonne wäre gut, solange es nicht über Stunden beschienen wird. Nehmen Sie sich die Zeit, stellen Sie sich an den geplanten Standort und lassen Sie die Sonne auf Ihr Gesicht oder Ihren Körper scheinen. Wenn es schon nach wenigen Minuten unangenehm wird, bedenken Sie, wie Sie sich erst im Inneren eines Nistkastens fühlen würden.
- Wenn Sie Ihr Vogelhaus aufhängen, wählen Sie dafür einen Ast, der weit genug vom Hauptstamm entfernt ist, damit Katzen und andere Raubtiere es nicht erreichen können. Wenn Sie als Standort einen Baum wählen, sollten Sie es so hoch hängen, dass es für die gewünschte Vogelart passend ist. Eine der besten Methoden ist meiner Meinung nach die Montage auf einer glatten Stange oder einem Pfosten (1,8 m lang), denn Raubtiere haben keine Chance, daran hochzuklettern; allerdings muss das Vogelhaus vor der heißen Mittags- und Nachmittagssonne beschattet werden.
- Locken Sie die Vögel in Ihren Garten, indem Sie ihnen Material zum Auspolstern ihres Nests anbieten (siehe hierzu auch Nistmaterialbox auf Seite 127ff.). Sie können auch andere Dinge auslegen, etwa ein Garnknäuel, Bartflechten, Zweige und andere Objekte aus Holz, die sie in ihrem Nest verbauen können. Außerdem können Sie Blumen und Sträucher pflanzen, die den Vögeln Samen und Früchte als Nahrung liefern.
- Die Projekte auf Seite 118–126 und 130–131 bieten Ihnen viele Ideen für die Gestaltung eines Futterhäuschens. Allerdings sollten Sie niemals versuchen, Vögel in einen Nistkasten zu locken, indem Sie darin oder darauf Futter auslegen, denn dadurch werden auch andere Tiere wie beispielsweise Eichhörnchen angelockt. Futterhäuschen sind für die Fütterung und Nistkästen zum Brüten und Aufziehen der Jungen gedacht.

Welcher Nistkasten für welche Vogelart?

Viele Arten von höhlenbrütenden Vögeln nehmen vom Menschen gebaute Nistkästen an, allerdings haben sie – genau wie Menschen, die ein neues Heim suchen – bestimmte Ansprüche und Vorlieben. Deshalb sollten Sie wissen, für welche Vogelart Sie ein bestimmtes Haus konstruieren. Die Chance, die entsprechende Species anzulocken, ist umso höher, je besser der Nistkasten auf sie zugeschnitten ist.
Dabei ist wahrscheinlich die Größe des Einfluglochs der entscheidende Faktor beim Bau eines Nistkastens. Wenn es zu klein ist, kann die gewünschte Vogelart nicht ins Innere gelangen. Ist es dagegen zu groß, können größere und aggressivere Arten den Nistkasten besetzen. Manche Vogelarten (Halbhöhlenbrüter) bevorzugen einen Nistkasten, bei dem der obere Teil zur Hälfte offen ist.

Tipps zum Standort des Nistkastens

- ❖ Bieten Sie den Vögeln einen direkten Weg zum Einflugloch.
- ❖ Platzieren Sie den Nistkasten lieber ein Stück höher, wenn in der Gegend Katzen und andere Raubtiere streunen. Wenn möglich, schützen Sie den Nistkasten zusätzlich, indem Sie ihn über einem stachligen Busch oder Strauch anbringen.
- ❖ Sorgen Sie dafür, dass der Nistkasten ausreichend vor Regengüssen geschützt ist und kein Wasser durch das Einflugloch ins Innere gelangen kann.
- ❖ Der Nistkasten sollte ab Januar oder Februar an seinem Platz sein, da Vögel bereits früh nach Nistgelegenheiten Ausschau halten (mitunter schon im Herbst), besonders bei plötzlich auftretenden Schönwetterperioden. Außerdem nutzen viele Arten Nistkästen als Ruhe- oder Schlafplatz, deshalb sollte man sie aufstellen, sobald sie fertig sind.
- ❖ Platzieren Sie Nistkästen nicht in unmittelbarer Nähe von Futterhäuschen, sonst sind die nistenden Vögel ständig damit beschäftigt, Eindringlinge von ihrer Schwelle zu vertreiben.
- ❖ In der untenstehenden Liste finden Sie einige der bekanntesten höhlenbrütenden Vogelarten Europas. Beobachten Sie, welche Species in Ihrem Garten vorkommen, und bauen Sie Ihren Nistkasten nach deren Bedürfnissen.

Sumpfmeise *(Poecile palustris)*, Weidenmeise *(Poecile montana)*, Tannenmeise *(Periparus ater)*
Diese Meisenarten zeichnen sich durch eine schwarze Kopfkappe und ein bräunlich-rahmfarbenes Gefieder aus, dem der gelbe Ton von Kohl- und Blaumeise fehlt. Die Sumpfmeise bevorzugt Laubwälder, Parkanlagen und Gärten, die Weidenmeise ist eher im Wald und am Wasser (Auwald) anzutreffen, während die Tannenmeise ihrem Namen entsprechend in Nadelwäldern zu finden ist.

Vorkommen: Die Sumpfmeise kommt in ganz Europa von Nordspanien bis zum Ural vor, die Weidenmeise vorwiegend in Nord- und Mitteleuropa bis nach Zentralasien und Japan, die Tannenmeise von Westeuropa und Nordafrika bis an die pazifische Küste und Japan.
Einflugloch: 26–28 mm
Abstand Einflugloch zum Boden: 12,5 cm
Grundfläche: 14 cm x 14 cm
Nistkastenhöhe: 20 cm
Höhe über dem Boden: 2–5 m

Blaumeise *(Cyanistes caeruleus)*, Kohlmeise *(Parus major)*
Kohlmeise und Blaumeise bewohnen Laub- und Mischwälder, sind aber auch häufig in Hecken, Gärten und städtischen Parkanlagen anzutreffen.

Vorkommen: Beide Arten kommen in ganz Europa und Nordamerika vor, die Kohlmeise bis nach Nord- und Zentralasien.
Einflugloch: 28–32 mm
Abstand Einflugloch zum Boden: 12,5 cm
Grundfläche: 15 cm x 12 cm
Nistkastenhöhe: 20 cm
Höhe über dem Boden: 2–5 m

Haubenmeise *(Lophopanes cristatus)*
Die Haubenmeise kommt in Nadelwäldern und Parkanlagen vor, die reichlich mit Nadelbäumen durchsetzt sind. Sie bohrt sich selbst eine Nisthöhle in morschem Holz, nimmt aber auch einen Nistkasten an der Hauswand oder an einem Baum an.

Vorkommen: Die Haubenmeise findet man in Europa von Spanien und Portugal über Mittel-, Nord- und Osteuropa bis in den Ural.
Einflugloch: 26 mm
Abstand Einflugloch zum Boden: 12,5 cm
Grundfläche: 14 cm x 14 cm
Nistkastenhöhe: 20 cm
Höhe über dem Boden: 2–5 m

Rauchschwalbe *(Hirundo rustica)*
Gewöhnlich bevorzugen Rauchschwalben offene Kulturlandschaften mit Wiesen und Teichen und nisten an Scheunen oder im Inneren von Wohnhäusern, und zwar meist auf Mauervorsprüngen oder unter Dachrinnen. Als Nisthilfe benötigen sie spezielle Plattformen.

Vorkommen: Die Rauchschwalbe kommt in gemäßigten Gebieten Europas, Nordwestafrikas, Nordamerikas und Asiens vor.
Grundfläche: 12,5 cm x 12,5 cm
Nistkastenhöhe: oben offen, 4 cm hohe Seitenwände bilden eine flache Schale
Höhe über dem Boden: 2–4 m, an einem Mauervorsprung oder Dachbalken befestigt

Kleiber *(Sitta europaea)*
Der Kleiber bewohnt Laub- und Mischwälder, ist aber auch häufig in Gärten und Parkanlagen anzutreffen. Charakteristisch für ihn ist, dass er an Baumstämmen kopfüber nach unten klettern kann.

Vorkommen: Der Kleiber kommt in gemäßigten Zonen Europas, Nordwestafrikas und Asiens mit Ausnahme von Süd- und Südostasien vor.
Einflugloch: 35 mm
Abstand Einflugloch zum Boden: 15 cm
Grundfläche: 15 cm x 15 cm
Nistkastenhöhe: 23 cm
Höhe über dem Boden: 3–5 m

Star *(Sturnus vulgaris)*
Stare können die Stimmen verschiedener Vögel nachahmen und übernehmen gern Nistkästen, die von anderen Species besetzt sind, nisten aber auch in Baumhöhlen, Gebäuden und Strohdächern. In Nordamerika gelten Stare stellenweise als regelrechte Plage, in Europa geht ihr Bestand zurück.

Vorkommen: Der Star bewohnt die gemäßigten und borealen Zonen Nordamerikas, Europas und Asiens bis Mittelsibirien und zum Baikalsee.
Einflugloch: 55 mm
Abstand Einflugloch zum Boden: 18 cm
Grundfläche: 18 x 18 cm
Nistkastenhöhe: 25 cm
Höhe über dem Boden: 3–5 m

Rotkehlchen *(Erithacus rubecula)*, Grauschnäpper *(Muscicapa striata)*
Das Rotkehlchen ist einer der beliebtesten und häufigsten Gartenvögel, während der Grauschnäpper eher Waldränder bevorzugt und nur gelegentlich als Gast in Gärten und Parkanlagen auftaucht.

Vorkommen: Beide Arten kommen in ganz Europa und Asien vor. Das Rotkehlchen ist ein Standvogel, der Grauschnäpper überwintert im tropischen Afrika.
Nistkasten-Konstruktion: offener Nistkasten mit 6 cm hohem Brett auf der unteren Vorderseite
Grundfläche: 15 cm x 15 cm
Nistkastenhöhe: 23 cm
Höhe über dem Boden: 3–5 m

Haussperling *(Passer domesticus)*, Feldsperling *(Passer montanus)*
Der Haussperling ist ein Kulturvogel, der überwiegend in menschlichen Siedlungen nistet und auch in die Städte zieht, während der Feldsperling stärker auf dem Land verbreitet ist.

Vorkommen: Der Haussperling ist auf allen Kontinenten zu finden und fehlt nur im tropischen Südamerika und Afrika, der Feldsperling kommt in Europa und Asien vom Atlantik bis zum Pazifik vor.
Einflugloch: 32–35 mm
Abstand Einflugloch zum Boden: 15 cm
Grundfläche: 15 cm x 15 cm
Nistkastenhöhe: 23 cm
Höhe über dem Boden: 3–5 m

Buntspecht *(Dendrocopos major)*, Mittelspecht *(Dendrocopos medius)*
Spechte bringen einen besonderen Akzent in jeden Garten, wenn sie auf Baumstämmen herumklettern und nach Insektenlarven und anderer Nahrung suchen.

Vorkommen: Der Buntspecht bewohnt die gemäßigten Zonen Europas bis Nord- und Ostasien. Kleinere Vorkommen gibt es in Nordwestafrika, Anatolien, Iran und im Kaukasus. Der Mittelspecht kommt von Frankreich über Mittel- und Osteuropa bis in den europäischen Teil Russlands vor.
Einflugloch: 50–60 mm
Abstand Einflugloch zum Boden: 18 cm
Grundfläche: 18 cm x 18 cm
Nistkastenhöhe: 25 cm
Höhe über dem Boden: 3–5 m

Register

Dank der Autorin

Ohne die Unterstützung so vieler Menschen in meinem Leben hätte ich weder professionell mit dem Bau von Vogelhäusern und Nistkästen beginnen noch dieses Buch schreiben können. Zuallererst möchte ich meinem Ehemann Guido sagen, wie sehr ich ihn liebe, und ihm dafür danken, dass er mich bei jedem Schritt auf dem Weg unterstützt hat. Er hat das Essen für uns zubereitet, wenn ich dazu gerade nicht in der Lage oder zu beschäftigt war, und all die Arbeiten übernommen, die ich hätte erledigen sollen. Ohne Deine Hilfe hätte ich all meine Reisen nie unternehmen können.

Danke an meine beste Freundin Ginny, die meine Anrufe selbst mitten in der Nacht angenommen und mir den Umgang mit Microsoft Word beigebracht hat. Ich hatte das Programm jahrelang, ohne sein ganzes Potenzial auszuschöpfen. Danke für die redaktionelle Hilfe, fürs Lang-Aufbleiben, fürs Mitbringen von Wein und für dein Vertrauen in meine Arbeit. Wir werden immer beste Freundinnen bleiben. Ich liebe dich, Missy!

Danke an meinen Kollegen und besten Freund Mark, der mir ganz zu Anfang geholfen hat, alles auszutüfteln. Ich danke dir für tagelange Brainstorming-Sitzungen am Computer und dafür, dass du da warst und dir die Zeit zum Zuhören genommen hast, selbst wenn dir selber alles über den Kopf gewachsen ist.

Niki, wenn du mich nicht in Sachen Internet unterstützt und meine ständigen Hilferufe per E-Mail ertragen hättest, wäre ich heute nicht da, wo ich bin. Wie lautet die Definition von Genie? Ganz klar: Niki!

Jodean, wenn du mir nicht die Möglichkeit geboten hättest, meine Werke in deinem Geschenkeladen anzubieten, hätte ich dieses Buch nie geschrieben. Danke für alles, was du für mich getan hast! Ich bin mit ganz besonderen Freunden gesegnet.

Ich danke dem Verlag CICO Books dafür, dass er den Kontakt zu mir aufgenommen und mir dieses Buch zugetraut hat. Danke, dass Sie all meine E-Mails voller Fragen ertragen haben. Sie alle waren so freundlich und geduldig. Dies ist eine Gelegenheit, die man nur einmal im Leben bekommt, und ich weiß alles zu schätzen, was Sie getan haben, um mein Buch zu drucken und auf den Weg zu bringen.

Dir, Sarah, danke ich dafür, dass du meine Anleitungen so geduldig entziffert hast. Es war eine Freude, mit dir zu arbeiten. Obwohl wir nur per E-Mail Kontakt hatten, hatte ich das Gefühl, dich seit Jahren zu kennen. Du hast dazu beigetragen, dass ich mich wohlgefühlt habe.

Cindy, Clare und Carmel danke ich dafür, dass sie den Ball am Rollen gehalten haben. Es hat Spaß gemacht, mit euch allen zu arbeiten, und ohne euch wäre all dies nicht zustandegekommen. Dir, Steve, danke für die schönen Illustrationen. Ohne deine harte Arbeit wäre dieses Buch nur Stückwerk. Auch der Fotografin Caroline Arber und der Stylistin Sophie Martell schulde ich Dank für ihre prachtvollen Bilder meiner Werke. Die Vogelhäuser sehen vor grünem Laub hinreißend aus.

Danke an alle, die zu erwähnen ich vergessen habe. Ihr habt mich bei meiner Entscheidung für dieses Buchprojekt unterstützt und mitgerissen, und ich liebe euch alle. Danke für euer Verständnis dafür, dass ich einfach verschwunden bin und nie angerufen oder vorbeigeschaut habe. Am Ende hat sich all das doch gelohnt.

Wir träumen, und deshalb folgen wir unseren Träumen. Denken Sie positiv und machen Sie das Beste aus jedem Tag. Hören Sie nie auf zu lernen und Ihre Möglichkeiten auszuloten – Sie werden selbst überrascht sein, was Sie alles lernen und leisten können.